サボ・る

（自五）〔「さぼる」とも書く〕

〔俗〕

①サボタージュをする。

②なまける。『学校を――〔＝授業に出ない〕／力学を――〔＝難しく考えないで気楽に〕』

名サボり。

はじめに

サボりたい　あぁサボりたい　サボりたい

「大学に入ってまで力学なんかやりたくない！」そう言いながら本書を開いてくれた人がいたとしたら申し訳ない．残念ながら，この本は勉強をサボっても単位がとれる方法を紹介する本ではない．力学とはどのようにサボる (近似する) のかを紹介する本である．誤解を恐れずに言えば，物理学とはいかに上手にサボるかを探す学問である．多くの人のイメージに反して，物理学をやっている人々は，ゴリゴリ難しい計算ばかりをしているわけではない．ある自然現象がどのような理由で起きるのかをできるだけサボってシンプルに説明することを目指しているのだ．

本書を通じ，力学を舞台にして，いままで歴史上の天才たちが見つけてくれた便利なサボり方を味わってほしい．サボり方さえ知ってしまえば，思ったよりも簡単にいろいろな自然現象を理解できることに気がつくはずだ．注目する現象の本質を抜き出してなるべく簡単なモデルで説明する技術は，力学や物理学に限らず，ほとんど全ての理工系分野の基盤となる考え方である．

その考え方の練習を身近な例を使って行うというのが力学を学ぶ意味である．だからこそ，力学は多くの大学で必修となっているのだ．そのような背景があるので，苦手な人も本当にサボって逃げるわけにはいかない．逃げなくてもいいようになるべく簡単に書いたつもりである．簡単に書いたとは言ったものの，小説を読むようにただ目で読んだだけで力学が理解できるようにはならない．自分で手を動かして式を追いながら，その式の意味を考える訓練をする必要がある．式の意味や考え方も詳しく書いたので，この訓練をサボってはいけない．訓練の手助けのために，各章末に問題をつけてある．＊がついている問題以外は基本的な問題なのでぜひ自分で解いてみてほしい．簡単な解答と本文中の誤りを
https://www.gakujutsu.co.jp/text/isbn978-4-7806-0998-1/で公開し

ている.

　ついでに，物理学を学ぶと何がうれしいのかを紹介しておこう．それは，時代に流されない技術を身につけられることにある．一度きちんと習得してしまえば，その技術は未来永劫ゆるがない．我々を取り巻く環境は，短期間のうちに激しく変化してしまう．例えば，情報技術の発展やおそろしい感染症の流行によって，少し前まで常識だったことが全く通じなくなってしまうことが簡単に起こるという状況は，皆さんも経験しているだろう．しかし，どのような環境の変化があったとしても，物理学はなにも変わらない．少なくとも現代の文明が続いている間に，本書で学ぶ力学が使えなくなるようなことは起きないと断言できる．将来どのような分野に進もうとも，恒久的かつ基礎的な考え方を軸にできることは今後の人生の大きな糧となることだろう．

　苦手な人たちはもちろん，得意な人たちであっても，時にはやる気が起きず本当にサボりたい日もあるだろう．そんなときは無理せず勉強のことは一旦忘れて公園のベンチでのんびりしてしまえばよいと思う．ただし，遊びすぎるのはよくない．物理でサボりすぎると現象を説明できなくなるのと同じように，実世界でもサボりすぎると痛い目を見るのである．ちょうどよくサボるためのヒントを本書で学んでもらえたらうれしい．

　本書は，和歌山大学システム工学部でさまざまな分野を志す全学生に向けた力学の講義を基に執筆しました．仕上げるにあたり，篠塚雄三先生，牧祐介君，籔田莉名さんには，大量の誤記・数式ミスを見つけていただきました．本当にありがとうございます．その他，講義を受けて質問をしてくれたり，ミスを指摘してくれたりした学生のみなさんにも感謝いたします．それでもまだまだわかりにくい部分や間違いがあるかもしれません．そのときはごめんなさい．表紙のデザインは，「造形王頂上決戦」というフィギュアコンテストの世界チャンピオンである山口範友樹氏にお願いしました．専門ではない平面のデザインという無茶な依頼を快く引き受けていただいたことを感謝いたします．学術図書出版社の貝沼稔夫氏にはいろいろわがままを聞いていただきました．無事本書が完成するまでお付き合いいただいたことに感謝いたします．

2022 年 2 月　　　　　　　　　　　　　　　　　　　　　　小田将人

目　　次

1

物理学の目標と
物理学に対する誤解

1.1 物理学の目標

　ガリレオやニュートンなどによって，近代的な物理学の基礎がつくられてから約 400 年がたった．その基礎づくりに欠かせなかったのは，有史以来人類がため続けてきた自然現象の観測記録である．例えば，力学的な問題に限ってみると，"太陽は，24 時間たつと**ほとんど**同じ位置にもどってくる"というようなものはもちろん，"木からリンゴが落ちました"というものなども立派な自然現象の観測結果である．力学に枠を限らなければ，身の回りのありとあらゆる現象を物理学の対象ととらえることができる．そして文字文明ができて以来，それらの観測結果は，何らかの記録として膨大に蓄積されてきた．もちろん日記やメモ書き程度で精度が悪い場合もあれば，そもそも本当に記録されたことが起きたか疑わしいものもあるだろう (そして当然かもしれないがこれらの不正確な記録のほうが量としては圧倒的に多い)．しかし，例えば天体の動きなどは，生涯をかけて観測を続けた偉人などによる正確な記録もたくさん残っている[*1]．そして近代物理学が確立されてからも，あらゆる自然現象の観測が現代まで脈々と続けられている．まさにいま，みなさんがこの本を読んでいる瞬間にも，世界中のどこかで新しい自然現象が観測されたり，これまでに観測されたいろいろな自然現象をうまく再現するような実験が行われたりしている．

[*1] 現代では，その記録がどれくらい信用できるかは，世界中の研究者が行う再現実験や再現シミュレーションによって比較的簡単に確認することができる．多くの場合，ウソや間違いはすぐばれると思っていたほうがいいだろう．

　ガリレオやニュートンをはじめとする世界的な大天才たちは，膨大に蓄積された その当時で最先端の実験結果 (観測結果) を眺めながら，何か共通部分はないかと悩みぬいてくれたのである．その結果，抽出された共通部分が，現在我々が学ぶ物理学の法則である．観測結果としてまとめられた物理量は，物理学の法則という形で表現した方程式を用いてどのように互いに関係するかが明らかにされてきた．厳密な境界を引くことは難しいが，おおまかに言うと，力学的な現象を説明するにはニュートンの運動方程式，電気・磁気が関係する現象を説明するにはマクスウェル方程式，原子や分子などの目に見えないミクロな現象を説明するにはシュレディンガー方程式，などが有名である．本書はこれらのうちのニュートンの運動方程式を扱う．

　そんな共通部分がわかって何がうれしいのかと思うかもしれないが，この抽出作業つまり法則化こそが物理学の最も大事な目標であると言っても過言ではない．さまざまな現象で見られる共通部分が法則化されたということは，当然ながらその法則を利用すれば，いままで蓄積された実験結果がどのような理由で起きたかが説明できる．むしろ，そのような説明ができるように法則を自然界から抽出したのである．そして，抽出された法則を用いれば[*2]，ニュートンのような天才たちだけでなく，読者のみなさんでも，高校生でも，誰でも，そして世界中のどこでも (全宇宙のどこでも！) 対象とする自然現象を説明することが可能である．あらゆる状況で，あとで説明する誤差を無視すれば，誰がやっても全く同じように説明することができる．

　このように，抽象化された法則によっていままで起きた自然現象を説明できることは何を意味するだろうか？　過去の実験や現象を説明できるだけで満足するのであったら，物理学という学問はマニアックな人たちがそれぞれの好みに従って勉強すればよいだけだろう．世界中の多くの理工系の学生 (場合によってはいわゆる人文系の学生も含む) が学ぶ必要などないはずである．そこには何かもっと積極的な理由があるはずだ．場所によらずにさまざまな場面に法則を適用すれば，これまで起きてきた現象が説明できるということは，目の前で起きたかどうかに関係なく，どこか別の場所で起こったことや過去に起

[*2] あとで説明するように，それぞれの法則には適用可能な範囲が存在するので気をつけよう．最初はあまり気にしなくてよい．

こったことも理論上は説明できるということである．そこから類推して，まだ現実には (どこでも) 起きていない現象も，説明できるはずだと考えるのはそれほど突飛な発想ではないだろう．そしてそれは実際に多くの場合にできる．つまり，まだ起きていない**未知の現象について，何が起こるかがある程度正確に予言できるのである！！**　これが物理学を学ぶことに対する最大のご利益である (図 1.1).

と，大胆に書いたが，未来を予言できること自体は実はそれほどすごいことでもなんでもない．特に，力学で扱うような現象の予言は物理なんか学ばなくても誰でもできることだ．例えば，ボールを手に持っているときに，手を放したら何が起きるだろうか？　誰もが "ボールは下に落ちる" と考えるだろう．これもまだボールを手から放していない場合には未来を予言したことになる．問題はその予言の精度である．100 m の高さからボールを落としたときに，何秒後に着地するかをパッと予言できる人は少ないだろう．力学を学ぶとそれが可能になる．**"ある程度正確に"** とはこの意味だ．現実に 100 m のビルの屋上からボールを落とすことを考えると，風が強い日もあれば，雨が降っている日もあるだろう．そのときの状況によって微妙に測定結果は変わるはずである．力学をちゃんと使えば，それらの状況による変化も考慮した着地時刻や着地地点をある程度正確に予言することができる．だからといって，ただボールを落

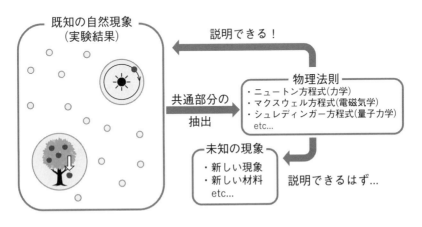

図 1.1　実験結果と物理法則の関係

としたときの着地時刻や着地地点を予言できたところで面白い人は少ないだろう．物理学が面白いのは，ボールのときと基本的には同じ手法を用いれば，ものすごいことができるようになるということだ．例えば，人類がそれまでに経験したことのないほど遠い天体に，ロケットを飛ばすことが実際にできている．より身近な例としては，毎日見る天気予報も，実は物理学の法則を用いて雲などの動きを予言した結果と言える．未来のことを予言する，そしてその的中精度をなるべく高くすることも物理学の大きな目標のひとつである．

　これまでうまくいった経験が数多くあるので，これからも物理学の法則を使えばいろいろ新しい現象を説明できるはずだ．SF マンガの中でのお話と考えられていたような現象や，いままでになかった新しい素材の性質に対しても，どのようなことが実現可能で，それによって何が起きるかを予言することができる．そしてそれらの予言が実現されて，技術が進歩するときに世界が変わるかもしれない*3．そこに最先端の研究テーマがあり，いまこの瞬間もどこかで研究者たちがさまざまな方法を駆使して挑んでいるという状況である．

1.2　物理学に対する誤解

　前節で物理学の目標を示した．最も大事な部分は，自然現象を抽出した物理法則を使えば，世の中の自然現象の多くを説明できるというところである．つまり，根本にある少数の基礎法則 (力学について言えばニュートンの運動方程式) さえ知っていれば，だいたいのことがわかるのである．個人的には非常に面白いし，多くの人の知的好奇心を満たすのに十分すぎる魅力をもっていると思う．しかし，現実には物理学が直接関連するような学問は残念ながらあまり人気がない．大きく分けて以下の 2 つの誤解が蔓延していることが原因 (の一部) であるように感じる．

1.2.1　誤解その 1：物理学は暗記がつらい

　本来，少数の法則さえ知っていればよく，あとはそれをどう活用するかを悩む学問であるから，物理学というのは (記憶量としては) 非常に効率が良いと言

---

*3 実際に現代文明はこのように進んできた．

えるだろう．しかし，少なくない人が，"物理学とは，問題パターンの数だけ難解な公式を覚え続ける学問である"という誤解をもっているようである．そして，難解な公式をたくさん覚える段階で物理が嫌いになってしまうという事例が世界中で繰り返されているようだ．

このような，物理のコンセプトとは全く逆行する誤解はどこから生まれるのだろうか？　答えは受験という"ゲーム"にあるようだ．物理学ではさまざまな現象について，基礎方程式から出発することでどんなことが起きるのかを説明することができる．しかし，大学入試に代表されるさまざまな試験は，限られた時間のなかで正解を求めるというルールのゲームであるため，基礎方程式からスタートしようとするとどんなにがんばっても多くの場合時間切れとなってしまう．そこで，ゲームをクリアするために，基礎方程式から出発してだいぶたった後のいわゆる公式を覚えさせられるのである．その公式の導出過程を丁寧に説明されたのちに覚えるならまだいい[*4]が，その途中は全く抜きでいきなりちんぷんかんぷんな公式をただただ暗記させられていることも多いようだ．それはもはや勉強ではなく苦行と呼んでいいレベルだろう．よほどの変態でないかぎり物理が嫌いになるのは当然である．

本書の目標のひとつは，"ちゃんと根本の部分を知っていれば，いろんなことがわかるんだ"という物理学本来の楽しさを味わうことである．専門的に物理学を学ぼうという読者にとっては物足りないかもしれないが，逆に言うとそういう人たちは本書に書いてあることくらいはそらんじていないとまずいというくらいの気持ちで取り組んでほしい．

1.2.2　誤解その2：物理学は細かい計算が難しい

物理学が敬遠される理由につながるもうひとつの誤解に，"物理学をやっている人々は，わけのわからん難しい測定や計算を細かくチマチマやっている"というイメージがあるように思う．これもとんでもない大誤解である．基本的に，物理学をやっている人たちは，実はサボりたいのである．新しい未知の現象に出会ったときに，いろいろ細かいこともあるだろうが，サボって考えてし

[*4] 実際，このように物理学を学んできた学生から，物理学がどうしようもなく嫌いだという話はあまり聞かない．

まえば結局は○○のようなことが起こっているはずだ！という説明をするのが物理学だ．それでうまく現象を説明できさえすれば満足なのである．ただし，サボり方が悪かったり，サボりすぎたりしていたらうまく現象を説明できない．その場合には仕方なく精度を上げるために少しずつ細かい計算や測定をしなくてはいけなくなる．それをどんどん詰めていくことで，結果として例えば0.00001 ％の違いを検出するような超微細な精度が要求される計算や実験を行うこともあるかもしれない．だが，それは仕事として最先端の研究に従事するようになった人のうちでもかなり特殊な場合だ．全員がこの精度の仕事をしているわけではない．ましてや，これから物理を勉強しようという人たちは全く気にしなくてよい．適当なところでサボってしまえばいいのである．

　サボるというと，いやなイメージをもつ人もいるかもしれないが，実は日常生活でも皆が無意識のうちにサボっている．身近な例を見てみよう．起きてからの時間によって若干ちがうのだろうが，その瞬間の測定値として身長 168.42935... cm の人がいたとする．その人が他人に身長を伝えるときは，168 cm と言うのが普通だろう．だけど正確な値とは違うわけだから少しサボっている．身長にこだわりがある人は，168.4 cm と言うかもしれない．これでもまだサボっていることは確かだ．でもどうせだいたいなんだからと 1 の位をサボって 170 cm と言ってしまう人も多いだろう．このサボりを怒る人はあまりいないはずだ．だが，10 の位をサボって 200 cm と言う人はいない．これはサボりすぎだ．多くの大人の身長が区別できなくなってしまう．一方で，サボるのはいやだといって，168.4294 cm のように無駄に細かい値をいつも言っていたら友達が減ってしまうだろう[*5]．正確な値をサボらずに追求すること自体には，普通の場合あまり意味がないのだ．誰もが無意識のうちにサボっているし，ちょうどよいサボり方があることはわかってもらえたと思う．

　ちょうどよいサボり方の存在を知ってくれれば，物理学は細かい計算が難しいという誤解は解けるのではないかと思う．この本では，力学的な現象を扱う．例として出てくる現象はイメージしやすいものばかりにしたつもりだ．運動方程式を用いて説明する際に，難しくしようと思えばいくらでも難しくできる．が，それを解いたところでうれしい人はほとんどいない．だからといってサボ

[*5] しかもこれでもまだサボっている事実は残る．

りすぎてしまうと注目している現象をうまく説明できない．求める精度によって最適なサボり方があるはずだ．それを紐解くのが本書の役割である．次章からちょうどよいサボり方をどのように決めるかを説明する．ちょうどいいサボり方を探す考え方は，物理だけでなく全ての専門分野に通用するはずだ．

1.3　この本で用いる表記法

世の中には，星の数ほどの理工系専門書が存在している．それぞれの分野によって書き方のルールが微妙に違う場合があるようだ．物理，その中でも力学に分野をしぼったとしても本によっていろいろな表記方法がある．本書ではそれほど奇抜な書き方をするつもりはないが，それでももしかしたらある分野から見たら妙な表記方法があるかもしれない．本書の書き方を以下に明示しておく．別の本を読む際にはその本のルールに読み替えてほしい．

等号など

数式中で，＝がありそうな場所に，≡があったときには，その式は何かの量を定義しているという意味だ．例えば，

$$A(t) \equiv B + Ct \tag{1.1}$$

と書いた場合，"A という物理量の時間変化を $B + Ct$ で定義する"という意味だ[*6]．

＝がありそうな場所に，≃があった場合，"左辺はだいたい右辺と同じだと考える"という意味だ．なにかしらの理由で近似をした場合に用いる．例えば，x が小さいときに，

$$\sqrt{1 + x} \simeq 1 + \frac{1}{2}x$$

と書く[*7]．

[*6] 合同ではない！

[*7] 高校で覚えさせられた近似公式かもしれない．詳しくは付録 A.3 を参照してほしい．

ベクトル

　本書では，ベクトル量は太字のイタリックで書く．つまり太字のイタリックの量が出てきたら大きさと向きをもった物理量だということだ．そのベクトルの各成分を添字つきで書くことがある．あまり意識したことがない人も多いかもしれないが，ベクトルの各成分はスカラーとなる．そのため，後で詳しく説明するように，1次元ベクトルはスカラーで書くこともある．また，同じ文字を細字で書いた場合はその物理量の大きさを表している．例えば，

$$\boldsymbol{A} = (A_x, A_y, A_z),$$
$$A = |\boldsymbol{A}| = \sqrt{A_x^2 + A_y^2 + A_z^2}$$

である．この例では3次元ベクトルを示したが，2次元ベクトルの場合も同様である．本書では，このルールでベクトルを表現するが，慣れ親しんだ矢印の方式 ($\vec{A}$) をどうしてもやめられない人がいるならそれでも構わない．自分の中で統一した記述方式を用いているのならばそれでよい．

　力学では，考えている量がベクトル量なのかスカラー量なのかを意識することは非常に大事である．ベクトル量とスカラー量の表記をいい加減にすると，必ず計算間違いを起こすので気をつけよう[*8]．

単位

　ベクトル量とスカラー量の表記方法は上記の通りだが，物理量は数値だけではなく単位とセットになって初めて意味をもつものである．本書では，物理量を表す文字には単位が含まれているという書き方をする．例えば，速度 $\boldsymbol{v}$ と書いてあったら，その $\boldsymbol{v}$ は，

$$\boldsymbol{v} = 5.0\,\mathrm{m/s}$$

のように m/s という単位まで含んでいるものだと考えてほしい．

　数値が同じでも，単位が m/s なのか km/h なのかで話は全く違ってくる．本書では，特に断らない限り，国際単位系を用いていると考えてよい．国際単位系とは，力学関連に限れば，長さの単位に m: メートル，重さの単位に kg: キ

[*8] そもそも1次元ではないベクトル量をスカラー量として書いた時点で物理学としては完全な間違いである．当然試験では点数をもらえないだろう．

ログラム，時間の単位に s: 秒 を用いて，その他の単位はそれらの組立単位，
例えば m/s を用いる単位系のことである[*9]．よく使われる組立単位は特別な名
前がついている場合もある[*10](表 1.1).

表 1.1　よく使われる単位の例 (埋めてみよう)

	記法	組立単位
長さ	m (メートル)	m
重さ	kg (キログラム)	kg
時間	s (秒)	s
力	N (ニュートン)	$kg \cdot m/s^2$
エネルギー/仕事	J (ジュール)	
仕事率	W (ワット)	

[*9] MKS 単位系という場合もある.
[*10] 大抵は有名な科学者の名前になっている. 例えば力の単位 $kg \cdot m/s^2$ は N と書いてニュートンと読む.

2

運動の表現方法
サボれるところはとことんサボる

2.1　質点：究極のサボり方

　力学では，いろいろな物体がどのように運動するのかを調べる．どのように
運動するかとは，すなわち，注目する物体がある瞬間にどこにあって，時間が
たったときにどこに移動するかを知るということである．このように書くと簡
単なように思うかもしれないが，じっくり考えると実は奥が深い．まず問題に
なるのは "物体がどこにあるか？をどう定義するか？" である．例えば，サッ
カーのゴールシーンを考えよう．ある瞬間に図 2.1 のようにボールがゴールラ
イン付近にきたとする．点 G をボールの重心とする．どの場合に得点が入る
だろうか？　(a) のようにボールの一部がゴールラインを越えたときとするの
か？　(b) のようにボールが完全にゴールライン越えたとき？　(c) のように
ボールの重心が越えたとき？　いろいろなパターンが考えられる．いろいろな
パターンがあるということは，審判がジャッジする方法もいろいろ考えられる
ということを意味する．

　自然科学としては，このような状況が起こっては困ったことになる．ある人
は "こういう実験をしてこういう結果が得られた！" と主張して，別のある人は
全く同じ現象に対して，違う結果だと主張してしまうことが起こるからだ．こ
れでは一般的な自然法則の抽出とは程遠い状況になってしまう．同じ景色を見
て，芸術家たちがそれぞれの表現方法で異なる作品を創り，受け取る側も作品
によって印象が全く異なるのに似ている．自然科学はこれとは真逆のアプロー
チが必要である．すなわち，同じ現象は，仮に表現方法 (例えば後で示す座標
系) や観測手法が異なったとしても，全く同じ状況として説明されなければな

フィールド ┊ ゴール内

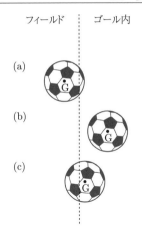

図 2.1 どれがゴールか？

らない．話をサッカーの例にもどそう．気持ちとしては全部ゴール判定をして
あげたいがルール上ゴールが認められるのは (b) の場合のみである．このよう
に，誰もが納得できるルールを決めておかないと競技が成立しない．これと同
じように，力学でも物体の位置をみんなに共通のルールとして決めておく必要
がある．物理の世界では重心に注目すると便利であることが多いので，重心に
注目することを力学を学ぶ上での約束とする．つまり物理学的には，図 2.1 中
で (b) だけでなく (c) もゴールラインを割っているという判断になる[*1]．

さて，急に "これは約束だ！" と一方的に言われても，納得いかない人も多い
ことだろう．その感覚は大事にしてほしい．約束は双方が納得した上で交わす
のがフェアである．ここではその約束にどのくらいの合理性があるかを考えて
みよう．例えばある人の動きを調べようというときに，物理学ではどこから観
測するかが非常に大事になってくる．同じ部屋の中にいる人が観測する場合，
重心はもちろん重要であるが，頭の動き，手の動き，足の動きなどもしっかり
それぞれサボらずに注意する必要があるだろう．しかし，例えば注目する人の
上空 600 m (例えばスカイツリーの上) から観測しようとした場合，どこが頭
でどこが手足かはどうせわからないのだから，詳しく見ることはサボって，重

[*1] 本当のサッカーでこのようにゴールを定義するルールをつくってもよいのだろうが，判定す
るのに必要な技術がものすごく高くなってしまうのでそうなることはないだろう．

心だけに注目して大体のことを知ればよいとしてもいいだろう．これが質点という概念の導入となる．どうせ細部の動きはわからないのだから，とりあえず"えいや！"と注目する人の**質量全てが重心という点に集中していると考える**のである．数百メートル離れた人間を点だと思うのは無理があるように思えるかもしれない．しかし，もし飛んでいる飛行機の上 (約 10,000 m 先) からだったらどうだろう？　点だと思ってもいい気がする．より遠くの宇宙からだったら？　第 8 章で詳しく説明するように，宇宙から観測する場合は人どころか地球をまるごと点だと思ってもいいということがわかっている．ではそう考えてよい基準はどこにあるのだろうか？

　それは，注目する物体を質点だと考えたときに，うまく観測結果 (実験結果) と合うかどうかで決める．自発的に動きうる人だとややこしいので，同じ大きさ，同じ質量の無生物だったとしよう．対象としている物体を質点だと思って，次章で学ぶ運動方程式を解く．その結果から得られる質点の動きと，現実に観測される物体の動きが許容できる範囲で一致していれば，物体を質点とみなすという大胆なサボり方をしてもよかったということになる．詳細をサボっている以上，必ず観測結果とのズレが起きる．そのズレが我慢できないほど大きい場合は，質点ではサボりすぎだということで，作戦を練り直す必要があるということだ．このように，観測結果との整合性を常に意識することが，物理学が机上の空論ではなく，自然科学であることにつながっている．

　多くの問題で，注目する物体を質点と見ても，良い精度で運動が解析できることがわかっている．もちろんかなり大胆なサボり方をしているため，現実とのズレが生じてしまう．しかし，多くの場合はズレの主な原因は，物体を質点と考えたことそのものよりも，後の章で説明するように，物体に働く力を "どこまでサボるか？" によるところが大きい．ということで，初歩的な力学では，ほとんどの場合，注目する物体を質点とみなすことを約束する．もちろん本書でもそのように約束する．

2.2 運動の表現方法

2.2.1 位置ベクトル

　さて，物体を大雑把に見ることで質点だと考えると便利なことがわかった．力学は，物体がどのような運動をするかに注目する学問であるから，そのためにはまず物体の位置を誰もがわかる手法で記述するすべがないといけない．その役割を担うのが位置ベクトルである．高校のときに習ったベクトルを思い出そう[*2]．我々が生活しているのは 3 次元空間であるので，物体の位置を表すベクトルもそれに合わせて 3 次元ベクトルを用いると便利である[*3]．3 次元ベクトルには成分が 3 つ必要だ．それぞれの成分の基準となる単位ベクトル系を決める必要がある．最も有名なのは直交座標系である．

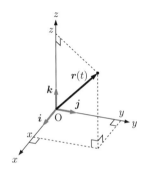

図 2.2　位置ベクトル

　図 2.2 に示したように，直交する x, y, z 軸を考える．原点はどこでも好きなところで構わない[*4]．位置ベクトルを，原点から物体の位置に向けたベクトルであると定義し，位置ベクトルを各座標軸に射影する[*5]ことを考える．図中の x, y, z のように，原点から射影した点までの距離を，位置ベクトルのその方向成分と決める．こう決めておくと，質点のいる場所を示す位置ベクトルは，$r \equiv (x, y, z)$ となる．これで質点がいる位置を記述する方法がわかった．次節で説明するように，質点が動く場合は，r は時間の関数となる．念のため，具

[*2] 習っていない．あるいは，完全に忘れた．という読者は付録 A.1 を参照すること．
[*3] 後の章では，うまい具合にサボることでより簡単な 2 次元ベクトルで考えることが多い．
[*4] 普通は問題を考えやすい位置を原点にする．例えば時刻 $t = 0$ に物体がいる場所など．
[*5] この場合は，注目する点から各座標軸に垂線を引くという意味．

体的に書いておくと，

$$\boldsymbol{r}(t) = (x(t), y(t), z(t)) = x(t)\boldsymbol{i} + y(t)\boldsymbol{j} + z(t)\boldsymbol{k} \tag{2.1}$$

である．ここで，$\boldsymbol{i}, \boldsymbol{j}, \boldsymbol{k}$ はそれぞれ x 軸，y 軸，z 軸方向の単位ベクトルである．原点から物体までの距離は，

$$|\boldsymbol{r}| = \sqrt{x^2 + y^2 + z^2}$$

となる．

　直交座標系の他に，極座標系，円筒座標系などが有名である．どの座標系であろうとも，3 次元空間中の 1 点を指定するためにはパラメータが 3 つ必要であることは変わらない．考える系によってそれぞれなるべく計算をサボれるような座標系を選ぶことが大事である．とにかく原点と何らかの座標系を設定し，原点からのベクトルによって注目する物体の位置を指定することが，力学の第一歩となる．

2.2.2　変位ベクトル

　物体の位置を指定できても，動きがないままでは面白くない．力学では，注目する物体がどのように動くかを予言することが大きな目標となる．そこで，図 2.3 のように物体がある位置 $\boldsymbol{r}$ から別のある位置 $\boldsymbol{r}'$ まで移動したことに対応するベクトルを定義しておくと便利である．それを変位ベクトル $\Delta\boldsymbol{r}$ と書くと，

$$\Delta\boldsymbol{r} \equiv \boldsymbol{r}' - \boldsymbol{r} \tag{2.2}$$

となる．

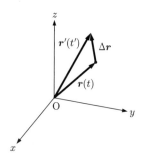

図 2.3　変位ベクトル

2.2.3 速度ベクトル

前節までで，注目する物体の代表点である質点の位置を決める位置ベクトル
と，質点が移動した際の変位ベクトルを定義できた．力学で興味がある現象で
は，多くの場合物体が動くので，位置ベクトルは時間の関数となる．位置ベク
トルがある時刻にどのように変化するかを見るための道具が，速度ベクトルで
ある．図 2.3 のように，時刻 t に位置 r にあった質点が，t' では r' に移動する
場合を考えよう．速度ベクトルは移動に対応する変位ベクトルが時間に対して
どのように変化するかであるから，

$$v = \frac{r' - r}{t' - t} \tag{2.3}$$

となる．これは，速さは移動距離をかかった時間で割ったものという通常の感
覚から納得のいくものだろうと思う．

これを "ある瞬間の" 速度にするためには，分母を限りなく小さくしていけ
ばよい．限りなく小さくする．つまり微分 (2.3 節参照) だ．$\Delta t \equiv t' - t$ を定義
すると，時刻 t における速度 $v(t)$ は，

$$v(t) \equiv \lim_{\Delta t \to 0} \frac{\Delta r}{\Delta t} = \frac{dr}{dt} \tag{2.4}$$

と定義できる．具体的な計算方法は第 3 章でくわしく学ぶ．

これで位置ベクトルと，その時間変化である速度ベクトルが定義できた．こ
れら 2 つのベクトルを使えば，質点の運動が詳しく記述できるだろうか？　答
えは否である．少し想像してもらえれば容易にわかるように，物体が運動する
という状況を考えたときに，速度が常に一定の運動ということは考えにくい．
止まっているものが動き出すときには v は $\mathbf{0}$ からだんだん大きくなっていくの
が普通だし，動いているものが方向転換したり止まったりするときにはだんだ
ん v が変化していくことは，日常の経験からも明らかであろう．つまり，速度
ベクトルの時間変化を記述する量が必要となる．

2.2.4 加速度ベクトル

速度ベクトルの時間変化を記述する量は，加速度と呼ばれる．速度ベクトル
と速度ベクトルの差に関する量なので，加速度もベクトルである．考え方は，

位置ベクトルに関する速度ベクトルと全く同じである．時刻 t に $\boldsymbol{v}$ であった速度が，t' では $\boldsymbol{v}'$ に変化する場合を考える．前節と同様に，$\Delta\boldsymbol{v} \equiv \boldsymbol{v}' - \boldsymbol{v}$ とすると t における加速度ベクトル $\boldsymbol{a}$ は，

$$\boldsymbol{a}(t) \equiv \lim_{\Delta t \to 0} \frac{\Delta\boldsymbol{v}}{\Delta t} = \frac{\mathrm{d}\boldsymbol{v}}{\mathrm{d}t} \tag{2.5}$$

で定義できる．

式 (2.4) を用いると，

$$\boldsymbol{a}(t) = \frac{\mathrm{d}}{\mathrm{d}t}\frac{\mathrm{d}\boldsymbol{r}}{\mathrm{d}t} = \frac{\mathrm{d}^2\boldsymbol{r}}{\mathrm{d}t^2} \tag{2.6}$$

とも書ける．

2.2.5　加加速度ベクトル？

さて，前節では加速度ベクトルを定義した．速度ベクトルが変化する場合を考えるためである．では加速度ベクトルもずっと一定である運動ばかりではないはずなので，その変化量である加加速度ベクトルなるものも考える必要があるはずだというのが普通の感覚である．しかし，この本で扱うような範囲の簡単な力学では加加速度ベクトルをあらわに考える必要はあまりない．$\boldsymbol{j}$ を加加速度ベクトルとすると，

$$\boldsymbol{j}(t) \equiv \frac{\mathrm{d}}{\mathrm{d}t}\boldsymbol{a} = \frac{\mathrm{d}^2\boldsymbol{v}}{\mathrm{d}t^2} = \frac{\mathrm{d}^3\boldsymbol{r}}{\mathrm{d}t^3}$$

である．このような $\boldsymbol{j}$ を定義することはもちろん可能であるし，なんの問題もない．しかし，次章で説明するように，物体の運動方程式に密接に関係するのは加速度 $\boldsymbol{a}$ であることがわかっているため，加加速度やさらにその変化量である加加加速度などは考えても当面はあまり意味がないのである[*6]．

2.3　微分と積分

ここまでで，注目する物体をサボって眺めることで質点とすることや，その質点の運動状態の記述の仕方がわかった．これでこの章の目的はほぼ達成でき

[*6] 加加速度に相当する物理量に対して，躍度（やくど）という日本語がちゃんとあるようだ．しかし，恥ずかしながらわたしは一度も使ったことがなかった．この本を書くために調べて初めて学んだ．勉強は一生続ける必要があるようだ．

たのであるが，物理学や数学にあまり馴染みのない読者のために，微分と積分
の関係を復習しておこう．

例えば，式 (2.4) のように，速度ベクトルは位置ベクトルの時間に対する微
分で書くことができる．つまり，位置ベクトルの時間変化を知っていれば，速
度ベクトルはすぐに計算できる．では，逆に速度ベクトルがわかっているとき
に，位置ベクトルを知る方法はないだろうか？　時速 50 km で走る車が何時間
後にどの辺にいるかが大体わかるのだから，可能なはずである．そのための数
学的手段が積分である．つまり，式 (2.4) の逆操作として，速度を時間で積分
すれば，移動距離がわかる．

$$v = \frac{\mathrm{d}r}{\mathrm{d}t} \tag{2.7}$$

に対して，

$$r = \int v\,\mathrm{d}t \tag{2.8}$$

である．また，改めて書く必要もないかもしれないが，加速度ベクトルは速度
ベクトルに微分で書けるので，$v = \int a\,\mathrm{d}t$ のように式 (2.8) と同じような対応
関係がある．

式としては簡単である．これを物理的なイメージと関係づけるために念のた
め簡単な例を見ておこう．

例 2.1　図 2.4 のように，1 次元を $+x$ 方向に運動する物体を考える．現時点
では，運動の変化が何によって起こるかは気にしない．物体を観察した結果，
"位置や速度がどのように変化したか？" だけに注目する．物体は時刻 $t = 0$ で
$x = x_0$ にいるとする．

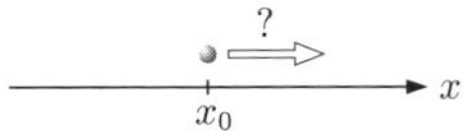

図 2.4　例 2.1 の設定

(1) 最も簡単な運動として，$x = x_0$ のまま静止している場合を考える．力学で
は，動かないことも運動の特別な場合として含める．力学の目標の 1 つは，注

目する物体の位置ベクトルを時間の関数で記述することである．この目標が達成されれば，いつどこで誰が見ても，物体の運動が理解できるからである．いまの場合には，

$$x(t) = x_0$$

と書ける．このように運動を式で表すことができたら，一応数学的な問題としては解けたことになる (今回は解いたのではなくそう仮定したので話が少し異なるが...)．後は，その式からどのような運動が起きるかをイメージすることが，力学を含めた物理学ではとても大事である．とは言っても，式だけからイメージを膨らますことができる人はなかなかいない．そこで，グラフを描き可視化してみることをお勧めする．

この運動状態を，横軸を時刻 t，縦軸を物体の位置 x としてグラフを描いてみると，図 2.5(a) のように，$x = x_0$ の直線になる．このグラフは，"どの t のときにも物体の位置は x_0 である．"ということを意味している．すなわち，物体は静止しているということだ．このグラフから，実際に物体の位置や，その他の物理量がどうなっているかをイメージすることは，単に力学だけでなく，今後どの専門分野に進んだ場合にもものすごく重要になってくるだろう．グラフを見るたびに，このグラフは何を言っているのかを常に考えるトレーニングをしておこう．

さて，図 2.5(a) を時間で微分してみよう．位置を時間で微分するのであるから，速度を求めるという意味である．時間に依らずにある位置 x_0 にいる物体

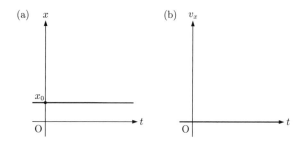

図 2.5 静止している場合

の位置ベクトル*7を時間で微分するのだから，答えは当然全ての t において 0 である (図 2.5(b))．つまり，速度は常に 0 である．静止している状況を考えているのだから当然である．念のために確認しておくが，速度が 0 で一定なので加速度ももちろん 0 のまま変化しない．

(2) 次に物体が一定の速さ v_0 で $+x$ 方向に進んでいる場合を考えよう．このような運動を等速度運動と呼ぶ．時間に対する速度のグラフは，図 2.6(b) のように全ての t で $v = v_0$ で一定というグラフになる．これを時間で積分すると，t 秒後に物体がいる位置がわかる．

$$x(t) = \int_0^t v_0 \, \mathrm{d}t = v_0 t + x_0 \tag{2.9}$$

である．ここで x_0 は $x(0)$ の意味で，$t = 0$ に物体がいた位置である．これは直線の式そのものだから，グラフに描くと図 2.6 (a) になることはすぐわかるだろう．

　この場合の加速度を求めると，$a = \dfrac{\mathrm{d}v}{\mathrm{d}t} = 0$ となることも一応確認しておこう．等速度運動なのだから加速度は 0 なのは言うまでもないだろう．

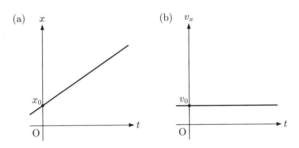

図 2.6　等速度運動

(3) 最後の例として，等加速度運動を見ておこう．加速度が図 2.7(c) のように α で一定の場合である．$t = 0$ で $v = 0$ だったとすると時刻 t での速度は，

$$v(t) = \int_0^t \alpha \, \mathrm{d}t = \alpha t \tag{2.10}$$

である (図 2.7 (b))．これを使えば t での物体の位置も求めることができる．

---

*7 この場合は 1 次元なのでベクトルという必要はないが，1 次元ベクトルとして考えてもいい．

(a) 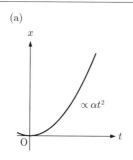 (b) 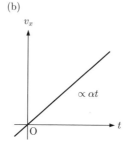 (c)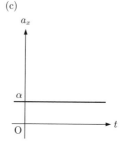

図 2.7　等加速度運動

$t = 0$ で $x = 0$ だったとすると，

$$x(t) = \int_0^t v(t)\,\mathrm{d}t = \int_0^t \alpha t\,\mathrm{d}t = \frac{1}{2}\alpha t^2 \qquad (2.11)$$

である (図 2.7 (a)).

　いま見てきたように，位置，速度，加速度のどれかを解析的に知っていれば[*8]，微分や積分を用いてその他の量も原理的に知ることができる．原理的にとわざわざ断ったのは，関数の形を知っていたからといって微分や積分ができるとは限らないからである．しかし，少なくともこの本に出てくるような単純な例ではあまり気にしなくてよい．

例 2.2　2 次元の場合として図 2.8 に示すような半径 r の等速円運動を考えよう．準備として，数学や物理で使うことが多くなる角度の単位を復習しておく．これまでは，度数法 (360° で一周) に慣れていた人が多いと思うが[*9]，弧度法では，角度の単位は国際単位系のラジアンとなる．度ではないので注意しよう．図 2.9(a) の半径 r，中心角 θ の扇型を考えると，弧の長さは $r\theta$ であるから，図 2.9(b) のように円に対しては，

$$r\theta = 2\pi r$$

$$\rightarrow 360° = 2\pi \qquad (2.12)$$

[*8] 解析的に知っているとは，時間に対してどうなっているかという関数の形がわかっているという意味である．

[*9] 本書では特に断らない限り，角度は弧度法を用いる．

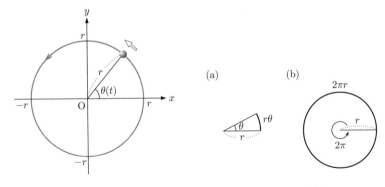

図 2.8 等速円運動　　　**図 2.9** 弧度法

である．有名な $180° = \pi$ の関係である．

さて，図 2.8 にもどろう．ある時刻で物体の座標は，

$$\boldsymbol{r}(t) = (r\cos\theta(t), r\sin\theta(t)) \tag{2.13}$$

と書ける．円運動だから r は一定で角度 θ が時間変化する．角度の時間変化を表す量を角速度 ω という．

$$\frac{\mathrm{d}\theta}{\mathrm{d}t} = \omega \tag{2.14}$$

である．この ω が定数だったら等速円運動になるということだ．

いま，円運動する物体の座標を知るためには，θ がわかればいいのだから，式 (2.14) を積分して，

$$\int \mathrm{d}\theta = \int \omega\,\mathrm{d}t$$
$$\to \theta(t) = \omega t + \theta_0 \tag{2.15}$$

となる．ここで θ_0 は初期条件 ($t = 0$ のときの θ の値) で決まる積分定数である．

結局，等速円運動する物体の位置は，

$$\boldsymbol{r}(t) = (r\cos(\omega t + \theta_0), r\sin(\omega t + \theta_0)) \tag{2.16}$$

と書けることがわかった．θ_0 はどこから運動を観測し始めるかで調整できるので，これ以降は $\theta_0 = 0$ としておく．

位置がわかれば速度もすぐに計算することができる.

$$\boldsymbol{v} = \left(\frac{\mathrm{d}x(t)}{\mathrm{d}t}, \frac{\mathrm{d}y(t)}{\mathrm{d}t} \right) = (-r\omega \sin \omega t, r\omega \cos \omega t) \tag{2.17}$$

$$v = |\boldsymbol{v}| = \sqrt{r^2\omega^2(\sin^2 \omega t + \cos^2 \omega t)} = r\omega \tag{2.18}$$

である. $\boldsymbol{r}$ と $\boldsymbol{v}$ の関係を見ておこう. 両者の内積をとると,

$$\boldsymbol{r} \cdot \boldsymbol{v} = rv(-\sin \omega t \cos \omega t + \sin \omega t \cos \omega t) = 0 \tag{2.19}$$

となるので, $\boldsymbol{r}$ と $\boldsymbol{v}$ は直交することが示された.

加速度についても見ておこう.

$$\boldsymbol{a} = \left(\frac{\mathrm{d}v_x(t)}{\mathrm{d}t}, \frac{\mathrm{d}v_y(t)}{\mathrm{d}t} \right) = (-r\omega^2 \cos \omega t, -r\omega^2 \sin \omega t) \tag{2.20}$$

$$a = |\boldsymbol{a}| = \sqrt{r^2\omega^4(\cos^2 \omega t + \sin^2 \omega t)} = r\omega^2 = \frac{v^2}{r} \tag{2.21}$$

となる.

式 (2.16), (2.20) を比べると,

$$\boldsymbol{a} = -\omega^2 \boldsymbol{r} \tag{2.22}$$

であるから, 等速円運動をする物体は中心方向に加速度をもつ. という重要な関係が導かれた. この結果は, 第3章で学ぶ運動方程式を先取りすると, "円運動している物体は中心方向に力がかかっている" ということを意味する. この力を向心力という. まとめとして等速円運動しているときの $\boldsymbol{r}, \boldsymbol{v}, \boldsymbol{a}$ の関係を図 2.10 に示しておく.

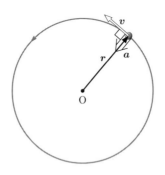

図 2.10　円運動に関する各ベクトルの関係

例題 2-1 ガリレオは，初速 0 で物体が落下するとき，落下距離 x と時間 t の関係が，

$$x(t) = \frac{1}{2}gt^2 \tag{2.23}$$

であると発見した．

(1) 落下運動が式 (2.23) で表されているとき，その物体の速度を時間の関数として求めなさい．

(2) そのときの加速度を時間の関数として求めなさい．

(1) 物体の位置を表す $x(t)$ の関数形があたえられているので，そこから速度を知りたい場合には時間で微分すればよい．

$$v(t) = \frac{\mathrm{d}x(t)}{\mathrm{d}t} = gt.$$

(2) (1) で速度が出せたので，そこから加速度を知るためにはさらに時間で微分する．

$$a(t) = \frac{\mathrm{d}v(t)}{\mathrm{d}t} = g.$$

例題 2-2 前問の状況で，時刻 $t = 0$ 秒で $x = 0\,\mathrm{m}$ から物体の落下が始まった．g が $10\,\mathrm{m/s^2}$ であるとして，$t = 1, 2, 4$ 秒での物体の位置を求めなさい．

この問題は，式 (2.23) が与えられているので，数値を代入して計算するだけである．

$$x(1) = 5\,\mathrm{m},$$

$$x(2) = 20\,\mathrm{m},$$

$$x(4) = 80\,\mathrm{m}$$

となる．

さて，例題 2-2 で落下距離と時間の関係に出てくる比例係数 g を $10\,\mathrm{m/s^2}$ とした．実は，この g はあとで出てくるように重力加速度と呼ばれる有名な物理定数である．その値が $9.8\,\mathrm{m/s^2}$ とされることが多いことを知っている読者も多いと思う．それを $10\,\mathrm{m/s^2}$ とするとはどういう意味だろうか？　これは実

は計算をサボっているのである．本当は $9.8\,\mathrm{m/s^2}$ を用いたほうが，より実験に近い値を算出できることがわかっている．しかし，ほとんど $10\,\mathrm{m/s^2}$ なのだから，そっちを使ったほうが計算するのが簡単になるのは明らかである．物体の落下運動をどの程度正確に知りたいのかと，計算をなるべくサボりたい気持ちとをよく比べて，サボれるところまでサボってしまったほうがいいというのが，本書の基本的な考え方だ．面倒くさく細かい計算をやらなきゃいけないときがいずれ必ず来るのだから，そうでないときくらい目いっぱいサボって，物理現象の理解に時間を使うほうがよっぽど大切である．

この章では，注目する物体の運動の仕方がわかっているときに，それをどのように表現するかの方法を学んだ．次章以降で物体の運動の仕方をどのように理解するかを学んでいく．

休憩室　理系と文系

日本の大学生ならほとんどの人が，自分は理系か文系のどちらかというのを少なくとも便宜上は区別していると思う．私はこの理系 or 文系という区別の仕方が好きではない．社会科学や心理学を突き詰めていくには数学をはじめとした科学的手法が必要になるし，いかに物理学が普遍的な自然現象を相手にしているとはいえ，歴史的な背景や思想，さらにその研究の社会的影響を全く考えないというわけにはいかない．受験時の一時的な選択のせいで，"文系選択だから理科や数学は全くわからなくてもいい．理系選択だから地歴公民には微塵も興味がない" などと言っていては現実世界を生きていけないのである．もちろん，ある程度どちらかに偏ってしまうのは仕方がないとして，両方が大事なことを忘れてはいけない．

例えば，文豪夏目漱石は，弟子である物理学者寺田寅彦が行っていた研究の話を聞いて，その目的や結果の意味するところなどをかなり詳しく理解できたという．また，日本物理学界のスーパースター朝永振一郎や湯川秀樹の書く文章は文学としても非常に味わい深い [10]．

この本を読んでいる人の多くは，いわゆる理系にカテゴライズされてい

---

[10] ちなみに寺田寅彦の随筆も非常に面白い．

ることと思う．もしいままであまり興味をもっていなかったとしたら，食わず嫌いをせずいまのうちに [*11] いろんな文学的・社会学的な本をたくさん読んでみることをお勧めする．単に知的好奇心を満たしてくれるだけではない．将来，初対面の人々との会話の材料が増えたり，海外の人々に日本の文化を説明できずに恥ずかしい思いをする確率が減ったりという現実的なご利益がたくさんある．

芸術系 (?) が理系と文系のどちらに入るのかは凡人の私にはわからない．

[*11] 人生に少し余裕がある大学生のうちに．大人になるとどんどん時間がとれなくなる．たぶん．

章末問題

2.1　例題 2-1 で物体が落下する状況を，式を用いずに言葉で正確に記述しなさい．

2.2　時刻 t における位置ベクトルが，

$$\boldsymbol{r}(t) = \left(t - 2t^2, 5t - 6, 3\sin\left(\frac{\pi}{10}t\right) \right)$$

のように変化する質点がある．

(1)　$t = 0$ から $t = 5$ までの変位ベクトルを求めなさい．

(2)　質点の速度ベクトルと，$t = 5$ における速さを求めなさい．

(3)　質点の加速度ベクトルを求めなさい．

2.3　ある質点が，$x(t) = A\sin\omega t$ のように x 軸上で振動している．

(1)　質点の運動を，縦軸 x，横軸 t のグラフに図示しなさい．

(2)　$v(t)$ を求め，図示しなさい．

(3)　$a(t)$ を求め，図示しなさい．

2.4　$t = 0$ 秒に高さ $100\,\mathrm{m}$ のビルの屋上から，ボールをそっと落とした．空気抵抗を無視した場合，ボールの落下距離は，

$$z(t) = \frac{1}{2}gt^2$$

と書ける．$g = 10\,\mathrm{m/s^2}$ としたとき，

(1)　$t = 3$ 秒でのボールの速さを求めなさい．

(2)　ボールが地面に到着するまでにかかる時間を求めなさい．

2.5　等速円運動している物体の，速度ベクトルと加速度ベクトルが直交していることを示しなさい．

3

運動の法則
サボり方の指針

　前章では，物体を質点として見て，その質点がどう動くかを見るための道具 (位置ベクトル，速度ベクトル，加速度ベクトル) を学んだ．本章では，質点が動く原因となる力のベクトルと，力と質点の動きを関連づける運動方程式を学ぶ．

　力学では，我々の目に見えるくらいの大きさをもつ物体[*1] がどのような運動をするかを見る．マクロな物体については，ありとあらゆる自然現象が力学の対象となりうる．しかし，この本では，我々がいままで生きてきた上で経験したことのある，日常にありふれたものを中心に扱う．本章で紹介するニュートンの運動方程式を使って，"確かにそのようなことが起きる" と説明できることを確認しよう．それによって "力学が非常に強力な手法であることを見る" というのが本書の目的である．身近な現象をある程度正確に表現できたとして，そんなの当然ではないか？　何がうれしいのだろうか？　そう思う読者もいるかもしれない．第1章で少し紹介したように，いろいろな場面で身近な現象をある程度正確に表現できたとしたら，それ以外の現象も表現できるのではないかと期待できそうである．そしてそれは実際に表現できるのである．目に見えないところで起こる現象についても表現できることがわかっている．例えば，"遥か彼方の星に向けて無人の宇宙船を飛ばし，星に宇宙船を着陸させ，その表面にある物質を採取し，その後地球までもどってくる" というような驚異的な宇宙プロジェクトが実行されている．個々の要素技術は別として，このよう

[*1] マクロな物体という．一方，肉眼はもちろん光学顕微鏡を使っても見えないくらい小さな物体，例えば原子・分子などはミクロな物体である．ミクロな物体の運動は力学の適用範囲外となる．量子力学を学ぶまで待とう．

な壮大なプロジェクトができるのも，基本的には力学のおかげである．はるか先のことを頭に入れながら，身近な例を説明するという非常に大事なステップから始めよう．

3.1　力とその合成，分解

　次節で扱う運動の法則で見るように，物体が運動する原因は力であることが膨大な観測結果に対する検討からわかっている．力は，日常よく経験するように，どのくらいの大きさでどの向きにかかるかで決まるベクトル量である．普通 $\boldsymbol{F}$ と書くことが多い．位置ベクトルと同じように，3次元ベクトルのそれぞれの成分で書くと，

$$\boldsymbol{F} = (F_x, F_y, F_z) \tag{3.1}$$

である．ベクトルなので，数学で学んだようにいくつかの力を合成したり，いくつかの方向の力に分解をすることができる (付録 A.1 参照)．具体的な例をイメージしてもらえれば，わかりやすいと思う．図3.1を見てみよう．例えば，重い荷物を A さんと B さんの2人で持ち上げるとき，それぞれが物体に $\boldsymbol{F}_\mathrm{A}, \boldsymbol{F}_\mathrm{B}$ の力をかける．$\boldsymbol{F}_\mathrm{A}$ と $\boldsymbol{F}_\mathrm{B}$ の合力 $\boldsymbol{F}$ がまっすぐ上向きになる場合は，安定して持ち上げることができる．しかし，2人の力のバランスが悪いとよろけてしまい，最悪の場合荷物を落としたり，転んでしまったりすることは想像しやすいだろう．

　逆に，あるベクトルを複数のベクトルに分解することも可能だ．物体にかかっている力 $\boldsymbol{F}'$ を $\boldsymbol{F}'_\mathrm{A}$ と $\boldsymbol{F}'_\mathrm{B}$ に分解して考えると便利な場合も今後出てくる．

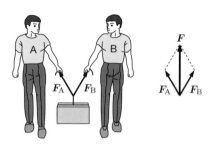

図 3.1　力ベクトルの合成

3.2 運動の法則

注目する物体が運動するには，その物体に何かしらの力が働いていると考えるのが普通である．これはみなさんもいままで生きてきた実感としてすんなり受け入れられるものと思う．問題は，物体にかかる力が具体的にどのように運動に関係しているかである．これは，数えきれないほどの自然現象に対する観測結果から共通部分を抽出させる形で，400 年近く前に 3 つの法則としてまとめられた．そこから近代物理学がスタートしたのである．少なくとも，我々の目に見える程度よりも大きな物体に対しては，これらの法則から外れるような現象は見つかっていない．もし，法則に反するような運動があったとしたら，それはこちらがサボりすぎていることが原因である可能性がかなり高い．つまり，法則が間違っているのではなく，人間がその法則の使い方を間違えているのである．

この節で紹介する 3 法則は，力学の根幹をなすものなので以後ずっと使うことになる．しっかりと理解しておきたい．

第一法則 (慣性の法則)

力が働かなければ，運動は何も変わらない．

ここで，力が働かないとは，以下のように，物体にかかる合力が **0** (0 ベクトル) であるという意味である．

$$\boldsymbol{F} = \boldsymbol{F}_1 + \boldsymbol{F}_2 + \cdots = \boldsymbol{0}$$

このとき，注目する物体の運動は変化しない．これは普段の経験から当然のように思える．例えば，綱引きを想像してみよう．各チームは全力で綱を引くが，もちろん相手も全力で引くので，全体はほとんど動かない．これは "力がつり合っている"，つまり "綱にかかる合力が **0** である" ことを意味する．と，普通に書いたが，一旦質点までサボった後に，綱のような現実の物体にもどすのも，物理学が苦手な人にとっては受け入れ難いようだ．注目する物体の運動を質点とみなしてサボるのと同時に，一旦サボって質点と見ていた物体を現実の大きさのある物体にもどしてイメージするトレーニングもしておくといいだ

ろう．これは，物理学に限らず抽象的な概念を扱う全ての学問で必須の能力である．現実に経験できる自然現象を問題として扱える力学で練習しておくことが非常に大事になるはずだ．綱引きのような明らかな例で経験を積んでいって，慣れていけばそのうち納得してもらえるだろう．この本に出てくる例は多くが身近に目にする簡単な現象を扱うので，イメージの練習もしやすい．

なお，慣性の法則は，ここで紹介したような簡単な表現で書かれている教科書が多いが，実はもう少し深遠な意味がある．しかし，本書のレベルではほとんど気にしなくてよい．本当のところが気になる読者は，もう少し本格的な力学の教科書を読んでみてほしい．

第二法則 (運動の法則)

物体に力が加わると，力の向きにその物体の質量に比例した加速度が生じる．

これは，ニュートンの運動方程式としてかなり有名な法則ではないだろうか？ 全く物理に触れたことがなくても，聞いたことくらいはある人が多いと思う．式で書くと，

$$m\frac{\mathrm{d}^2 \boldsymbol{r}}{\mathrm{d}t^2} = \boldsymbol{F} \tag{3.2}$$

である．ここで，$m, \boldsymbol{r}, \boldsymbol{F}$ はそれぞれ，物体の質量，物体の位置，物体にかかる力の合力である．

左辺の物理量の単位は，$\mathrm{kg \cdot m/s^2}$ であるから，右辺の力の単位も同じでなくてはいけない．よく使う力について，毎回 MKS 単位を全て書くのは面倒くさい．そこで，新しい N (ニュートン) という組立単位，

$$\mathrm{N} \equiv \mathrm{kg \cdot m/s^2} \tag{3.3}$$

を用いる場合がある．

式 (3.2) は，左辺に時間の 2 階微分が入っている．このような方程式を数学的には 2 階の微分方程式と呼ぶ．詳しい解き方は次章で説明するが，力学という学問は，"考える系に対して運動方程式を立てて，それが解ければ物体の運動が予言できる！"という学問である．つまり，この微分方程式が解けなけれ

ば何も始まらない[*2].

　式 (3.2) は，これまで数限りない先人たちの実験・観測結果を解析するために，何人もの天才たちが人生を捧げて悩んだ末に発見してくれた自然法則を表す式である．物体にいろいろなパターンの力がかかったときの物体の動きを観測し続けていたら，"どうやら式 (3.2) のような関係がありそうだ！" ということにニュートンが気づいたのである．もちろんそれに気づくためには例えばガリレオなど先人の残した知識の積み重ねがあったことは当然である．

━━ 第三法則 (作用・反作用の法則) ━━━━━━━━━━━━━━━

　A が B に力を作用していれば，B も A に同じ大きさで逆向きの力を作用している．

　これも日常の経験から納得がいく法則ではないだろうか？　式で書けば，

$$F_{A \to B} = -F_{B \to A}$$

である．ここで $F_{A \to B}$ は，A から B に作用する力のベクトルという意味である．何かを押したら，それと同じ力で押し返されている．普段は当然すぎて意識することもないくらいかもしれない．図 3.2 のように，手で球を支えている場合を考える．もし，球が静止している場合，球が重力で下に落ちようとしているのを手で押すこと (作用) で支えている．このとき，球も手を押している (反作用) のである．実際にこのようなことをした際に，手のひらに球の重みを感じることは容易に想像できるだろう．もしこの作用と反作用の大きさが異なっていたとすると，球にかかる合力が **0** でなくなるため，第二法則から球が静止する状況ではなくなってしまう．静止させずに球を動かす場合にも作用・反作用の法則は厳密に成り立っているのでややこしいが，ここでは静止した場合でイメージを確認してもらうだけにしておく．

■ なぜ第二法則だけで運動の法則というのか？ ■

　さて，ニュートン力学の根幹をなす運動の法則は，上に紹介した 3 法則にまとめられている．しかし，一般的に第二法則を運動の法則と呼び，これだけで

[*2] そしておそらく力学の単位をおとすことになるだろう (予言!!?).

図 3.2　作用反作用の法則　　**図 3.3**　各法則の関係

運動の法則が全て表現できるような印象がある．実際，物理とはあまり縁のない多くの人は運動の法則といったら第二法則の運動方程式だけを知っている場合も多いように思う．なぜだろうか？　それは少なくともこの本が扱う初歩的な内容では，図 3.3 に示すように第二法則を知っていれば，第一，第三法則は第二法則の中に含まれているからである[*3]．それを少し詳しく見てみよう．

　まずは第一法則から．これは，第二法則で力が働いていない状況を考えればよい．

$$m\frac{\mathrm{d}^2\boldsymbol{r}}{\mathrm{d}t^2} = \boldsymbol{0}$$

と同じ意味である．力が $\boldsymbol{0}$ なので，当然加速度は生じない．静止している物体は静止したままだし，すでに動いている物体はそのままの速度で運動を続ける．つまり，運動状態は変化しない．これは第一法則そのものだ．

　次に，第三法則に移ろう．図 3.4 のように，物体 A と B がくっついて静止している状況を考えよう．A と B をまとめた物体の運動方程式を書くと，

$$(m_\mathrm{A} + m_\mathrm{B})\frac{\mathrm{d}^2\boldsymbol{r}}{\mathrm{d}t^2} = \boldsymbol{0} \tag{3.4}$$

図 3.4　2 つの物体が接しているとき

[*3] 本当は慣性の法則が成り立たなければ第二，三法則は成り立たないので，慣性の法則が第一番目にくるのは納得である！　しかし，本書のレベルではあまり気にしなくてよい．

$$m_{\mathrm{A}} \frac{\mathrm{d}^2 \boldsymbol{r}}{\mathrm{d}t^2} + m_{\mathrm{B}} \frac{\mathrm{d}^2 \boldsymbol{r}}{\mathrm{d}t^2} = \boldsymbol{0}$$

$$\boldsymbol{F}_{\mathrm{B} \to \mathrm{A}} + \boldsymbol{F}_{\mathrm{A} \to \mathrm{B}} = \boldsymbol{0}$$

$$\therefore \boldsymbol{F}_{\mathrm{A} \to \mathrm{B}} = -\boldsymbol{F}_{\mathrm{B} \to \mathrm{A}} \tag{3.5}$$

となる．ここで，$m_{\mathrm{A}}, m_{\mathrm{B}}$ はそれぞれ物体 A, B の質量である．2 個目の変形で
は，式 (3.2) を用いた．つまり，A が B に作用する力と，B が A に作用する力
は大きさが同じで向きが逆であるという第三法則が，第二法則から導かれた．

　図 3.4 はイメージしやすいように A, B 共に球として描いたが，大事な意味
をもっている．どのような形で接している 2 物体であっても，運動方程式はま
とめて式 (3.4) のように書ける．ということは，ある 1 つの物体を任意の形で 2
物体だと思うことも可能である．例えば，図 3.5 のように 1 つの物体を無理に
2 つの部分に分けて考えると，この 2 つの部分がバラバラにならないのは，作
用・反作用の法則のおかげと考えることもできる．この考え方を進めていき，
どんどん物体をどんどん細かく区切っていくときに，それぞれ接している部分
同士は同じ理由でバラバラにならない．ということは，この世に存在する物質
がバラバラにならないのは作用・反作用の法則が成立している証拠だと考える
こともできる．

図 3.5 1 つの物体を 2 つの部分からなると考える

3.3　いろいろな力

　前節で，物体にある力が作用しているときに，その物体がどのように運動す
るかの法則を学んだ．ここでは，どのような場合にどのような力を考える必要
があるかを見る．

▌基本的な力▌

　この世の中には，物理学的な力として，重力，電磁気力，弱い力，強い力，の4種類が存在している[*4]．現代物理学の大目標は，これら4つの基本的な力を統一的に理解することである．つまり，全ての力を同じ枠組みの中で理解できる基礎理論を構築したい．

　人類は，紀元前のころすでに，静電気力と静磁気力それぞれの存在を知っていた．しかし，つい最近までそれらは全く別の力だと考えられてきたのである．2つがやっと統一的に扱えるようになったのは，いまから200年ほど前にマクスウェル方程式として(古典)電磁気学が完成してからである．次に電磁気力と弱い力が統一され，大統一理論によって電磁気力，弱い力，強い力が統一された．現状ではまだ重力だけは他の力と同一の枠組みで扱う理論は完成していない，つまり上に掲げた大目標は達成されていない．しかし，いまこの瞬間にも世界のどこかで理論の完成を目指している研究者がいると思うと，なんだか楽しくなってくる．

　ここまで長々と基本的な力を紹介してきた．しかし，弱い力と強い力は，原子核の内部構造に関係している力であるため，この本ではこれ以降，一切触れない．これは原子核をそれ以上分割できない素粒子として見ることでサボってしまおうという意味だ．これまで何度か書いてきたように，力学が通用するのは目に見えるサイズなので，水素原子よりもはるかに小さい原子核の内部構造を気にする必要は全くない．また，この本の主題である力学では，電磁気力もほとんど出てこない．物体が運動する舞台装置として，電荷が電場の中で運動することに少しだけ触れることがあるかもしれない．ということで，自然界に存在する4つの基本的な力のうち，重力が力学では特に重要である．

▌重力 (万有引力)▌

　この本を読んでいる人で，重力 (万有引力) の存在を知らない人はあまりいないだろう．

[*4] もっとたくさん存在している可能性ももちろんあるが，現状4種類が発見されている．仮に4種類以上の力が存在していたとしても，いま学んでいる(古典)力学の中身や適用範囲が変更される可能性は全くないと言っていいだろう．力学は適用範囲さえ間違えなければ，完成されている学問であると考えていてよい．

万有引力の法則

　全ての2物体間には，それらの質量の積に比例し，物体間の距離の2乗に反比例する引力が作用する．

図 3.6　2物体間に働く万有引力

　図 3.6 に示すように，距離 r (距離の大きさに注目しているのでベクトルでなくスカラーである) 離れた位置に m_1, m_2 がある場合を考える．このとき，2物体間には大きさとして，

$$|\boldsymbol{F}| = G\frac{m_1 m_2}{|\boldsymbol{r}|^2} \tag{3.6}$$

で与えられる引力が働く．ここで，

$$G = 6.672... \times 10^{-11}\,\mathrm{m^3/kg \cdot s^2} \tag{3.7}$$

は万有引力定数と呼ばれる基礎物理定数である．

　2物体間に働く引力ということは，m_1 にかかる力 $\boldsymbol{F}$ は m_2 に向かう方向，その反作用として m_2 にかかる力は $-\boldsymbol{F}$ となり，m_1 に向かう方向である．わかりやすいように2物体間の万有引力で確認したが，万有引力という名前の通り，この力は全ての物体間に働くので，例えばこの本とあなたの間にも引力が働いている．ただし，万有引力定数が 10^{-11} のオーダーと極端に小さいので，ほぼ無視することが可能である．つまり，万有引力の存在は普通サボって考えてよい．サボってはいけないときは，万有引力定数の小ささを打ち消すくらい物体の質量が大きい場合 (例えば星) である．つまり，身近な現象としては，地球との万有引力すなわち重力以外はほぼ無視してよい．

▌地球の重力▌

　前項で見たように，普通は万有引力の影響はサボってよいが，図3.6中の一方の物体が地球だった場合無視することはできなくなる．これは日常生活で重力を

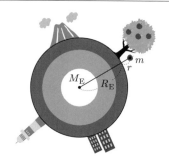

図 3.7　地球と地球上の物体との関係

感じているので受け入れやすいだろう．地球からの重力を考えるために，図 3.7 を見てみよう．地球のように球対称な物体からの重力は，球の中心に質量が集中した質点からの重力と全く同じことがわかっている[*5]．$M_{\mathrm{E}} = 5.97 \times 10^{24}\,\mathrm{kg}$ を地球の質量，$R_{\mathrm{E}} = 6.37 \times 10^6\,\mathrm{m}$ を平均的な地球の半径として，地表付近にある質量 m の物体と地球との間には，

$$F = G\frac{mM_{\mathrm{E}}}{(R_{\mathrm{E}} + r)^2} \simeq G\frac{mM_{\mathrm{E}}}{R_{\mathrm{E}}^2} = mg \tag{3.8}$$

の大きさの引力が働く．ここで，

$$g \equiv G\frac{M_{\mathrm{E}}}{R_{\mathrm{E}}^2} \simeq 9.8\ \mathrm{m/s}^2 \tag{3.9}$$

は有名な重力加速度である．

つまり，物体の地表からの高さ r は地球の半径に比べて小さいので無視することが可能であるため，地球と物体との間の距離は R_{E} だとサボってしまえば，(厳密には距離によって変化する) 重力によって生まれる加速度を一定値だと思ってもよいということだ．それだと困る精度の測定が必要な場合に初めて，式 (3.8) の最初にもどって r をちゃんと考えればいいのである．r を無視するのと同じことであるが，地球の半径 R_{E} も実は一定ではなく，山もあれば谷もある．ということは，式 (3.9) の分母は場所によって異なる[*6]．実際に日本各地の基準点で正確に測定した g の値を表 3.1 に掲載した．これらの値の $9.8\,\mathrm{m/s}^2$

[*5] これはおそらく電磁気学で学ぶ．有名なガウスの法則だ．楽しみに待とう！

[*6] 実は，地球が自転していることの影響もかなり大きい．

表 3.1 各地の重力加速度 (国立天文台編『理科年表 2020』(丸善出版, 2019) より)

測定地	重力加速度 $(\mathrm{m/s}^2)$
青森	9.80311
東京	9.79760
和歌山	9.79689
沖縄	9.79096

からのズレを大きいと見るか, 小さいと見るかは求める観測結果の精度要求で決まる. 多くの場合はサボっていて問題ないだろう.

さて, 毎回々々 $9.8\,\mathrm{m/s}^2$ と書いてさらにその数値を用いて計算するのが面倒くさい人はいないだろうか? 昔の物理学者も一緒である. これをサボってしまいたい先生がたくさんいた[*7]. そのためにはどうすればいいだろうか? 正解は単純に, $9.8\,\mathrm{m/s}^2$ を基準にしてしまえばよいのである. 1 kg の物体に働く重力を 1 kg 重 (kgw), あるいは 1 重力 kg (kgf) と呼ぶことがある.

$$mg = 1 \cdot g = 9.8\,\mathrm{kg} \cdot \mathrm{m/s}^2 \equiv 1\,\mathrm{kgf} \tag{3.10}$$

となる. 正確には, $1\,\mathrm{kgf} = 9.8066\,\mathrm{kg} \cdot \mathrm{m/s}^2$ である.

■ 人工衛星 ■

重力が大事な役割を果たす例として人工衛星を考えてみよう. 前章で見たように, 物体が円運動をするためには向心力が必要となる. この向心力に相当するものに重力を利用したのが人工衛星である. 円運動の加速度の式 (2.21) を使うと, 質量 m の人工衛星の動径方向に対する運動方程式は,

$$m|\boldsymbol{a}| = mr\omega^2 = m\frac{v^2}{r} = mg$$
$$\therefore v^2 = rg \tag{3.11}$$

であるから, r に $R_\mathrm{E} = 6.37 \times 10^6\,\mathrm{m}$ を代入すると[*8],

$$v = \sqrt{gR_\mathrm{E}} = \sqrt{(6.37 \times 10^6) \times 9.8} = 7.9 \times 10^3\,\mathrm{m/s} \tag{3.12}$$

[*7] のだと思う.

[*8] 実際には地表すれすれを回ることはできないのでもう少し大きな公転半径を考えなくてはいけないが, ここは大体の話をしたいのでサボってしまおう.

である．また，地球の周りを 1 周するのにかかる時間を T とすると，

$$T = \frac{2\pi R_{\mathrm{E}}}{v} = \frac{2\pi \times 6.37 \times 10^6}{7.9 \times 10^3} = 5.06 \times 10^3 \,\mathrm{s}$$
$$= 84 \,\text{分} \tag{3.13}$$

となる．つまり，人工衛星は，打ち上げ時に速さ $7.9 \times 10^3\,\mathrm{m/s}$ 程度まで加速されて地球を飛び出す．宇宙空間では気体との摩擦はほとんどないため減速されることなく，地球の重力を向心力として，約 84 分で地球の周りを 1 回公転する．この公転軌道を衛星軌道という．

　人工衛星として例を示したが，この例で唯一人工衛星の特徴であった質量 m は速度に効いてこない．つまり，どのような物体でも同じように加速されれば，地球の周りを回り続けることができる．ただし，最初の加速に耐えうる丈夫さが必要である．

■現象論的な力■

　自然界に存在する基本的な力は 4 種類しかないということであったが，我々が普段目にする力はどれに属するのだろうか？　これは実はよくわかっていないことが多い．いろいろな例がありうるが，ここでは力学でよくとりあげられることが多い，垂直抗力，摩擦力を見てみよう．

　図 3.8 のように，地面や台の上にある物体は，重力によって地球の重心方向に向かう力を受けている．その重力と同じ大きさ，同じ向きの力で地面や台を押している．その反作用として，地面や台から物体は押されていることになる．これが垂直抗力 N である．

$$N = -mg. \tag{3.14}$$

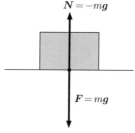

図 3.8　垂直抗力

　垂直抗力がなければ，力がつり合わなくなるため，物体は地球の重心方向に加速度をもつことになり，地面や床にどんどんめり込んでいってしまうだろう．現実としてそのようなことは起きていない．それは垂直抗力のおかげである．と，ここまでは事実として認められるが，それでは"この垂直抗力が基本的な力からどのように出てくるか？"というのはいまだにはっきりとはわかっていない．一応それらしい説明としては次のようなものが有力である．物体が床に置かれたときにわずかに押されることで，床と物体それぞれが圧縮されて変形する．その変形を元にもどす復元力が垂直抗力であり，この復元力は，物質を構成する原子同士の電磁気的な力で説明できる[*9]．したがって，垂直抗力も基本的な力の合力であると言える．しかし，真面目に考え出すとこんな単純な話だけでは済まない．

　次に，垂直抗力とも深く関係している摩擦力を考えよう．図 3.9 のように，床の上に物体があるとき，横から力 f で押して物体をずらそうとしても，押す力 f が弱いと動かない．これも誰もが経験したことがある事実であろう．動かないのは静止摩擦力 F_{stat} が，f の反作用として働いているからである．

$$F_{\mathrm{stat}} = -f$$

である．しかし，これも日常経験しているように，f を強くしていくと物体はあるとき動き出す．動き出す瞬間の静止摩擦力を最大静止摩擦力といい，その大きさを

$$F_{\mathrm{max}} = \mu N \tag{3.15}$$

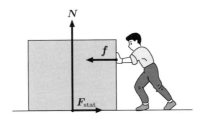

図 3.9 静止摩擦力

---

*9 このようなことは，固体物理学や物性物理学で学ぶ．楽しみに待とう！

と書く．ここで μ は静止摩擦係数と呼ばれる量で，垂直抗力と摩擦力との比例
係数である．重いものを動かそうとするときのほうが，摩擦力が大きくなり動
かすのが大変なことはよく経験することだろう．摩擦力が垂直抗力と比例する
ことも納得できるのではないだろうか．

一旦物体が動き出すと，最初よりは力が小さくて済むことも経験上わかって
いる．摩擦力はこのとき，

$$F = \mu' N \tag{3.16}$$

となっており，一般に，

$$\mu > \mu' > 0 \tag{3.17}$$

となっている．ここで，μ' は動摩擦係数と呼ばれる．μ や μ' は，物体や床の
それぞれの材質によって決まる係数である．例えば，砂利道の上と綺麗な氷の
上で同じ物体を押すとどちらが動きやすいかは明らかだろう．これらの係数が
大きいほうが摩擦力は大きい．その事実はさまざまな実験や経験から現象論的
に理解されているものの，現状では個々の物質に対しての測定によってしか決
めることができない．

摩擦力も垂直抗力と同じようにその原因自体は**だいたい**わかっている．仮
に，摩擦力がかかる場所をものすごく高性能な顕微鏡を使って原子レベルの分
解能で見ることができたとしよう．そうすると，床・物体それぞれは構成する
原子からできているはずである．摩擦力とは，その接地面に存在する原子全て
に対して働く，原子核や電子からの電磁気力全部の合力であると考えられてい
る．ただし，本当に原子レベルで考えると，界面はそんなに綺麗に原子が並ん
でいるわけではないはずだし，異物もたくさん存在しているだろう．そしてい
ろいろな化学反応 (結合の組み替え) も起こっているはずだ．先程見た垂直抗
力よりもさらに圧倒的に複雑である．基本的な力から出発すると，それらの考
えるべき要素が多すぎて，現状はほとんど未解決の問題であると言ってよい．
かなり限定的な状況で，ミクロな原子間相互作用とマクロな摩擦係数との関係
がわかり始めているかもしれないというレベルだ．難しい話は天才たちに任せ
て，我々は有史以来の観察結果から見出された現象論的な式 (3.15, 3.16) を認
めて利用するのが無難であろう．

現象論的にという言葉が急に出てきたが，この意味は，"自然現象を一生懸命観察 (測定) し続けた結果の考察から帰納的に導き出された"ということである．それに対して，"なぜそうなのか？"という問いはあまり意味がない．強いて理由を言わなければならないとしたら，"理屈はわからないけれど自然とはそういうものだ！"としか言いようがない．ただし，測定や観測を真剣に繰り返したとしたら，そこから導かれるのはとてつもなく強力な結論である．実際に，マクロに摩擦がからむ話で，静止摩擦力・動摩擦力やそれらの係数に反するような現象は見つかっていない．

本章では，物体の運動が運動方程式に従うということを学んだ．力学が対象とする全ての現象は，基本的にはこの運動方程式を解けばなぜそのようなことが起きるか，今後どうなっていくかが全て説明できる．問題は，"どこまで厳密な話をするか？"あるいは"どこまでサボるか？"である．その方針を一旦決めてしまえば，後は運動方程式という名前の微分方程式を解く問題に帰着される．

休憩室　物理でわかることとわからないこと

物理学はあらゆる自然現象が対象になると大風呂敷を広げたが，ちょっと真面目に勉強すると，現実世界とのギャップがあまりにも大きいことに気づかされる．厳密な解 [*10] が得られる場合はごくごく限られた理想的な状況だけである．厳密解を求めることにカッコよさを感じる気持ちは理解できなくもないが，物理学は基本的には実験科学なので，せっかく得られた厳密解も実際に起こる現象の説明に直接使えない場合が多いのである．つまり，なんかしらの近似をしないと物理学としては現実を説明できない．厳密さを求めるのは天才たちに任せておいて，ほどほどのところでサボり，できる範囲で自然現象の説明を楽しむ方法をお勧めする．孫子曰，"敵を知り，己を知れば百戦危うからず"．自分のもっている技術やノウハウの適用可能範囲を見極め，"どのように攻めれば興味ある問題を解決できるか？"を考える．それが普通の人向けの物理の楽しみ方だと思う．厳密解を追い

[*10] 計算機などを使わずに，がんばって手で解いて得られる解のことだ．多くの場合，大天才が人生をかける程度の頑張りが必要になる．

求めなくてもやることは無限と言っていいほどたくさんある．もちろん自分のできることの範囲を広げる努力を怠ってはいけないが，できないものはできないとあきらめて工夫をすることが大事である．

　とは言ったものの，最近は材料加工技術の発展によって，厳密解の状況にかなり近づけた系の実験ができる場合もあるようだ．解くほうもすごいが，その状況を無理矢理 (?) つくり出してしまうほうもすごすぎてよくわからない．

章末問題

3.1　図のように，平面上で質点に力がかかっているとき，質点が動く方向を
ベクトルで表しなさい．

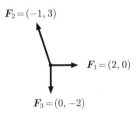

$$\boldsymbol{F}_2 = (-1, 3)$$

$$\boldsymbol{F}_1 = (2, 0)$$

$$\boldsymbol{F}_3 = (0, -2)$$

3.2　3両編成の貨物列車を考える．駆動機がついた機関車の質量を $2m$，牽引
される貨車の質量は両方とも m とする．機関車の駆動機が力 $\boldsymbol{F}$ を出したとき，
それぞれの貨車にかかる力を求めなさい．

3.3　重力加速度は地表からの距離によって変化する．ある物体が地表から
$400\,\mathrm{km}$ にあるときの重力加速度を求めなさい．地球の半径 $R_\mathrm{E} = 6.37 \times 10^6\,\mathrm{m}$,
地球の質量 $M_\mathrm{E} = 5.97 \times 10^{24}\,\mathrm{kg}$, 万有引力定数 $G = 6.67 \times 10^{-11}\,\mathrm{m}^3/\mathrm{kg} \cdot \mathrm{s}^2$
を用いること．

3.4　国際宇宙ステーション (ISS) は，地上から約 $400\,\mathrm{km}$ 上空の衛星軌道を
周回している．重力加速度を，$g = 9.8\,\mathrm{m/s}^2$ としたときと，*3.3* の結果を用い
たときの ISS が公転周期をそれぞれ求めて，g を用いたときにどれくらいの誤
差が出るか考えなさい．

4

運動方程式を解く
数学はあまりサボれない

　前章までで，物体の運動をどのように記述するかを学んだ．そして物体に働く力がどのようなものであるかも合わせて学んだ．本章では，いよいよ具体的に物体の運動がどのように記述されるかを見ていく．まず，力学でやることの流れを見てみよう．この本で扱う内容に限らず，どんなに複雑な問題でも力学でやることは共通している．世に言う "物理が難しい" と考えられている理由は，以下に示す流れの中の各ステップでやることが複雑になっているだけだと考えることができるだろう．

①　注目する物体を決める

　当然のステップである．何に注目するかを決めないとどうしようもない．ここでの物体とは，1つに限らない．たくさんの物体をまとめて一度に対象として，それらの相互作用も含めて考えることもよくある．本書では，運動する物体が2つ以上になる場合は，第8章で取り扱う．

②　物体に働く力を考える (想像する)

　次に，物体に働く力にはどのようなものがあって，どの力までを考慮するかを決める必要がある．あまり細かい力を考えすぎると，初等レベルでは大変だろう．大胆にサボることをお勧めする．簡単な場合からスタートして，想定する精度が出るかを確かめていくのが王道である．細かい and/or マニアックな力を考えるのは専門家に任せて，王者のようにサボってみよう．現実的には，どの力まで考えるかに物理学的なセンスが問われることが多い．物理学を専門としている人々の間では，うまくサボれて，かつ精度よく対象とする現象を説

明できるほどセンスがいいと崇められる傾向がある[*1]. いろいろ書いたが, と
りあえずこの本や同等レベルの力学の問題では, どの力までを考慮するかは与
えられるものと思っていてよい. ただし, 与えられたままでなく自分でもしっ
かり納得できるまで考える練習をすることが大事である.

③ **運動方程式を立てる**

どの力まで考えるかが決まったら, 前章で学んだ運動方程式を立ててみよう.
ある物体に関する運動方程式は,

$$m \frac{\mathrm{d}^2 \boldsymbol{r}}{\mathrm{d}t^2} = \sum_i \boldsymbol{F}_i = \boldsymbol{F}_{\text{total}} \tag{4.1}$$

と書けることを覚えているだろうか？ この式を見て "？？？" となった読者
は, 式 (3.2) を復習する必要がある. ここで, $\boldsymbol{F}_i$ は, ② で扱うと決めた各力で
ある. 物体の運動に最終的に効いてくるのはそれらの力を合成した最右辺の合
力 $\boldsymbol{F}_{\text{total}}$ となる.

④ **式 (4.1) の微分方程式を解く (数学的作業)**

運動方程式は, 数学的には微分方程式と呼ばれるものの一種である. これを
解くのがいやで物理が嫌いになる人も多いだろう. しかし, 初等的な力学に出
てくる微分方程式はいくつかのパターンしかない. 具体的な問題で初めてのパ
ターンが出てきた際に, その解き方を詳しく書くのでしっかり覚えておいてほ
しい. 普通は, 一般解というのを求めて, 問題設定の初期条件 (境界条件) など
から積分定数を決める[*2].

⑤ **求めた解をよく考える**

このステップが最も大切でかつ最も楽しい (はずだ). ④ で難しい微分方程
式が解けたといって喜んで終わりにしてはいけない. 我々の目標は, 数学的に
微分方程式を解くことではなく, 注目した物体がどのような運動をするかを知
ることだ！ 求めた解が何を意味しているかをじっくり考えてみる必要があ
る. この過程で自分の間違えに気づくこともよくある. 例えば, 物体が右から
押されている問題を解いたはずなのに, 物体が右に進むという解になっている

[*1] あくまでも物理での話である. 実務をサボっていると怒られるので注意が必要である.
[*2] 微分方程式の解き方の練習までサボってしまうと, より専門的な内容を扱う各専攻に進んだ
ときに, 困ることが予想される.

場合がある．これはおそらく単純な符号間違いだと思うが，それに気づくかどうかで (試験の結果としても) だいぶ違ってくるだろう．そのほかにも，どう考えても問題設定とは違う動きをする解が出てきてしまうこともありうる．出てきた解が "本当かな？" と疑ってみることは重要である．

　この一連の流れは，この先ずっと使うので覚えておいてほしい．力学に限らず多くの自然科学系の勉強は，それぞれの手法は違ったとしても，流れはこれと大体同じものになるのではないだろうか？　力学が，いわゆる理工系学問を専攻する多くの課程で必修となっている所以である．

4.1　運動方程式を解く準備

　さて，運動方程式は微分方程式であるという話をした．ここでは，その微分方程式を解く準備をしよう．そもそも微分方程式とはなんだろうか？　もう知っている人も多いと思うが，あえて言葉で書くとすれば，

未知の関数とその導関数が含まれた方程式

のことである．ここで，未知の関数とは，スカラー量だけでなく，ベクトル量も含まれる．微分方程式中で，最高次の導関数の次数を，その微分方程式の階数という．運動方程式は，式 (4.1) のように書かれるので，ベクトルに関する 2 階の微分方程式ということになる[*3]．微分方程式の一般解 (全ての解を何らかの形で含む解) を求めることを，"解く" という．数学的には，一般解を求めることができれば，その解が全ての解を含むのだからそれで終わりにしてよい．が，力学はそれで終わることができない．一般解には，階数と同じ数だけ積分定数が含まれるので，運動方程式を解くと，2 個の積分定数が必ず出てくる．各問題で設定されている個別の条件で，その定数を決めることが力学の目標となる．

　微分方程式を解くためには，なんらかの手法で方程式を積分する必要がある．念のため，積分を軽く復習しておこう．ある関数 $F(x)$ を，$f(x)$ の原始関数 (微分すると $f(x)$ になる関数) とする．このとき，積分の仕方には，不定積

[*3] 微分方程式の解き方や一般論は，それだけで独立した (そして難しい) 本が書ける分野なので，ここではサボって実際に解くために必要なことだけ書くことにする．

分と，定積分の 2 種類がある．不定積分とは，積分定数は未定のまま積分する
手法である．

$$\int f(x)\,\mathrm{d}x = F(x) + C. \tag{4.2}$$

一方，定積分とは，積分範囲を指定することで，積分定数を決めてしまう手
法だ．

$$\int_a^b f(x)\,\mathrm{d}x = \int_a^b \frac{\mathrm{d}F}{\mathrm{d}x}\mathrm{d}x = F(b) - F(a) \tag{4.3}$$

のように結果に未知定数は含まれない．

それでは微分方程式を見てみよう．例えば，

$$\frac{\mathrm{d}a}{\mathrm{d}x} = b$$

で a を知りたいと思ったら，

$$\int \frac{\mathrm{d}a}{\mathrm{d}x}\mathrm{d}x = \int b\,\mathrm{d}x$$

$$\rightarrow a = bx + C$$

と両辺を積分をして a を求めるのである．この場合は，1 階の微分方程式なの
で，a の中には，積分定数が 1 個含まれることになる．積分を 1 度したという
意味だと思えば，納得してもらえると思う．

例題 4-1　関数 $F(t) = \dfrac{1}{2}at^2 + bt + C_1$ を使って，微分と不定積分の関係を
考えよう．

$$\frac{\mathrm{d}}{\mathrm{d}t}\left(\frac{1}{2}at^2 + bt + C_1\right) = at + b \tag{4.4}$$

なので，いま $f(t) = at + b$ とすれば，

$$\int (at + b)\,\mathrm{d}t = \frac{1}{2}at^2 + bt + C_2 \tag{4.5}$$

である．ここで，式 (4.5) 中の C_2 は，不定積分した段階では $C_2 \neq C_1$ である
が，問題設定の条件によって $C_2 = C_1$ になるように C_2 を決めることができ

る．これは範囲を決めて積分したことと同じになる．

■保存量■

さて，微分と積分の関係を復習したところで，重要な概念について学ぶ．ある運動する物体に関する物理量 $A(t)$ は，

$$A(t) = \int_{t_0}^{t} \frac{\mathrm{d}A}{\mathrm{d}t} \mathrm{d}t + A(t_0) \tag{4.6}$$

と書くことができる．これは，"時刻 t の $A(t)$ は，時刻 t_0 の $A(t_0)$ に A の時間変化を積分して足したものだ"という意味である．つまり，初期状態 $A(t_0)$ がわかっていて，運動方程式を解くことで，A の時間依存性が求められれば，任意の t での A がわかるということだ．過去どんなことが起こっていたかもわかるし，これから起こる未来のこともわかる！　これこそが力学をはじめとする物理学のご利益である．まだ実際に起きていないことも，ある近似の範囲内で予言することができるということだ．もちろんどこをどうサボったかによって，予言の的中率は変わってくる．厳密な予言をしたい場合はなるべくサボらないようにする必要があるのはもちろんであるが，そういう話は専門家に任せて，だいたいのことが予言できればいいというスタンスをお勧めする．

さて，$A(t)$ を調べていると，

$$\frac{\mathrm{d}}{\mathrm{d}t} A(t) = 0 \tag{4.7}$$

と書ける場合がままある．これは何を意味しているだろうか？　式 (4.7) も微分方程式の一種なので，両辺積分してみると，

$$A(t) = \text{const.} \tag{4.8}$$

となる[*4]．この場合は微分方程式を解いた積分定数が A そのものになった．つまり，$A(t)$ は定数値であり，時間に依存しないということだ．このときの $A(t)$ を**保存量**という．

例えば，ある系の全エネルギー $E(t)$ が，

$$\frac{\mathrm{d}E}{\mathrm{d}t} = 0 \tag{4.9}$$

[*4] const.は，constant(定数) の略だ．

と書けるとき，その系の全エネルギーは保存する．

これで運動方程式を解くための準備は概ねそろった．いよいよ力学の問題を少しずつ考えていくことにしよう．

4.2 運動量と力積

物体の運動に注目するとき，その位置と速さがわかれば，その動きを知ることができるのであった．それだけで十分だろうか？ 例えば，質量 0.06 kg のテニスボールと，5 kg のボーリングの玉が同じ速度で運動しているとき，その 2 つの運動は同じとは言いづらいだろう．どのくらいの質量のものがどのくらいの速度で動いているかが知れたほうが便利そうである．そのための物理量が運動量 $\boldsymbol{p}$ である．

運動量は，

$$\boldsymbol{p} \equiv m\boldsymbol{v} \tag{4.10}$$

で定義される．念のため書いておくと，m は注目する物体の質量，$\boldsymbol{v}$ はその物体の速度である．速度がベクトル量であるから，$\boldsymbol{p}$ もベクトル量となる．運動に向きと方向があるので当然だろう．運動量を時間で微分してみると，

$$\frac{\mathrm{d}\boldsymbol{p}}{\mathrm{d}t} = \frac{\mathrm{d}(m\boldsymbol{v})}{\mathrm{d}t} = m\frac{\mathrm{d}\boldsymbol{v}}{\mathrm{d}t} = m\frac{\mathrm{d}^2\boldsymbol{r}}{\mathrm{d}t^2} = \boldsymbol{F} \tag{4.11}$$

となる．つまり，運動量を時間で微分するというのは，運動方程式 (4.1) の別の表現であることがわかった．

これまでは，質量 m は一定と考えていたが，状況によっては $\mathrm{d}m/\mathrm{d}t \neq 0$ という場合もあるだろう．その場合には，式 (4.11) を用いて運動量の時間変化を考えないといけない．一方，これまで通り m が一定の場合にも式 (4.11) を使うこともできる．問題によっては，座標そのものを扱うよりも，運動量を考えたほうが便利な場合がよくある．考える問題に合わせて，運動方程式は楽チンな形を使えばよいということだ．もちろんその選択が仮に間違っていたとしても，表現方法が違うだけで運動自体は同じである．ちゃんと解ければ全く同じ答えに行き着くので安心してよい．

式 (4.11) のように運動量で表現したほうが，質量変化にも対応できるため式

(4.1) よりも使える状況が広いということだ．このような場合，物理学では式 (4.11) のほうが一般的という．よりカッコいい表現方法であるということだ．一般的という言葉はしっくりこないことがあるかもしれない．一般的の反対は特殊という．"特殊なにがし論"と言われると，何か特別なことをしていてカッコいい印象があるかもしれないが，これは，"ある特別な場合にのみ使える理論ですよ"という意味だ．"一般なにがし論"のほうは，ある特別な場合も含めてあらゆる場面に使える強力な理論である．これは微分方程式の一般解，特殊解の関係と同じである[*5]．

　さて，力学で多くの場合に興味があるのは，ある物体の運動状況が変化する場合である．つまり，運動量が変化するということだ．運動量が変化するのは，運動方程式によれば物体に力 $\boldsymbol{F}$ が作用している場合だ．その状況で物体に作用した力を時間で積分したものを力積と呼ぶ．例えば，時刻 t_1 から t_2 まで一定の力 $\boldsymbol{F}$ が物体に作用したとすると，

$$\int_{t_1}^{t_2} \boldsymbol{F}\,\mathrm{d}t = \int_{t_1}^{t_2} \frac{\mathrm{d}\boldsymbol{p}}{\mathrm{d}t}\mathrm{d}t = \boldsymbol{p}(t_2) - \boldsymbol{p}(t_1) \tag{4.12}$$

となるので，**運動量の変化は，その間に作用した力積に等しい**．

　物体に力が作用する時間 $\delta t = t_2 - t_1$ がごく短く，その間に運動量変化 $\Delta \boldsymbol{p} = m\Delta \boldsymbol{v}$ が生じる場合を考える．例えばボールをバットやラケットで打ち返す場合を想像してもらえばいいだろう．作用した力の平均を $\overline{\boldsymbol{F}}$ とすると，

$$\Delta \boldsymbol{p} = m\Delta \boldsymbol{v} = \overline{\boldsymbol{F}}\Delta t \tag{4.13}$$

であるから，作用の結果としておこる運動量変化 $|\Delta \boldsymbol{p}|$ が同じなら，$\overline{\boldsymbol{F}}$ と Δt は反比例の関係になる．図 4.1 に示したように，同じ運動量変化に対して，力が作用する時間が短ければ物体にかかる力の平均は大きくなり，作用する時間を伸ばせば伸ばすほど物体にかかる力の平均は小さくなる．

　高いところから飛び降りるときを考えよう．着地すると，自分の体の運動量が止まるという $\Delta \boldsymbol{p}$ が起きることになる．このときに膝を曲げて着地する場合と，膝を曲げずに着地する場合の違いについて，式 (4.13) を使って考えてみよう．結果としての運動量変化は同じであるから，膝を曲げることは，運動量変

[*5] 一般人であることに誇りをもってもいいだろう．

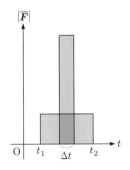

図 4.1 Δt と $|\overline{F}|$ の関係

化が起きる時間 Δt を大きくすることに対応している．膝を曲げたほうが体にかかる力が小さい，すなわち痛くないはずだ．一方で，もし無理に膝を曲げずに着地した場合は Δt が小さいので，力が大きくなる，つまり痛い．これは日常の経験と合致すると思う．

例題 4-2 体重 50 kg の人が，自転車に乗って 15 km/h $(= 4.17\,\text{m/s})$ で走っていたときに，よそ見をしていたため壁に正面から頭突きして止まる状況を考える．壁と接触している時間を 1 s とするとき，この人が受ける平均の力がどれくらいになるか計算してみよう．

体だけに注目すると運動量は，

$$mv = 50 \times 4.17 = 208.5\,\text{kg} \cdot \text{m/s} \tag{4.14}$$

なので，式 (4.13) から，

$$208.5 - 0 = \overline{F} \times 1$$

$$\therefore \overline{F} = 208.5\,\text{kg} \cdot \text{m/s}^2 \tag{4.15}$$

を頭突きした頭で受け止めるということだ．約 $200\,\text{kgm/s}^2$ とは，200 kg のものを 1 秒間で 1 m/s の速さで動くようになるまで加速するのに必要な力と大体同じという意味である．さらに，これは平均値なので，図 4.1 を考えると，瞬間的にはもっと大きな力がかかるはずである．ちょっと考えただけでもかなり痛そうだ．安全運転を心がけよう．

4.3　微分方程式の解き方

　準備が整ったので，いよいよ微分方程式を解いていこう．式 (4.16) のように単純な 1 次元等加速度運動を考える．

$$\frac{\mathrm{d}^2}{\mathrm{d}t^2}x(t) = \frac{\mathrm{d}}{\mathrm{d}t}v(t) = a \tag{4.16}$$

いま，等加速度運動なので a は定数である．

　この微分方程式の両辺を 1 度積分すると，

$$v(t) = v_0 + \int_0^t a\,\mathrm{d}t = at + v_0 \tag{4.17}$$

となる．ここで，$\mathrm{d}x(t)/\mathrm{d}t = v(t)$ の関係を使った．また，$v_0 \equiv v(0)$ は $t = 0$ での初期速度である．これをさらにもう一度積分すると，

$$x(t) = x_0 + \int_0^t (at + v_0)\,\mathrm{d}t = \frac{1}{2}at^2 + v_0 t + x_0 \tag{4.18}$$

となる．ここで v_0 と同じように，$x_0 \equiv x(0)$ は $t = 0$ での初期位置である．

　力学の目的は，注目する物体の位置や速度を時間の関数として知ることであったから，これで無事に運動方程式が解けて運動の状態がわかったことになる．

　さて，解析的な関数である式 (4.17) や (4.18) の右辺そのものを見せられて，どのような運動になるかをすぐに理解できる人は少ないだろう．そのような場合は，グラフにしてみることをお勧めする．例えば，式 (4.17) を図 4.2 に示した．このグラフを見て，$v(t)$ を $t = 0$ から t まで積分することを考える．x 軸に平行な線を v_0 から引くと，その線と両軸に囲まれた部分の長方形の面積は $v_0 t$ であり，その上の三角形の面積は，$\frac{1}{2}at^2$ であることはすぐわかるだろう．それらを足し算すると面積 I は，

$$I = v_0 t + \frac{1}{2}at^2 \tag{4.19}$$

となる．これは $t = 0$ 以降に物体が進んだ距離だから，$x(t) - x_0$ に等しい．つまり，式 (4.18) と確かに同じになる．

　この例は単純すぎてわざわざ図にする必要はなかったかもしれないが，少し複雑な運動を可視化するというのは非常に大事な手法なので，少しでもわかり

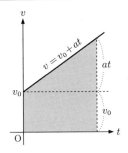

図 4.2 速さと時間の関係

づらかったらすぐにグラフを描くくせをつけておくといいだろう.

注目する物体についての運動方程式を解いて, つまり 2 回積分を行って, 積分定数 2 個 (式 (4.18) 中では x_0, v_0) を問題の設定に合わせて決めると, 物体の運動が完全にわかるということがわかった. このような理論を決定論的 (deterministic) という[*6]. 形式が整ったので, いよいよ具体的な問題を考えていこう.

例題 4-3 図 4.3 のように, 原点 $(x, y, z) = (0, 0, 0)$ から, 質量 m の質点を, x 軸の方向に仰角 θ_0, 初速 v_0 で投げることを考える. なお, 空気抵抗 (後述) は無視する.

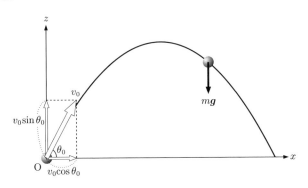

図 4.3 初速 v_0 で角度 θ_0 方向に物体を投げた場合

この有名な問題を知らない人はあまりいないかもしれないが, 本章冒頭の①

[*6] もちろんいろいろな部分をサボった上でということは忘れてはいけない.

から⑤の各ステップにそってじっくり解いてみよう．だいたいどうなるかはもう知っていると思う．このように投げられた物体は，"放物線"という軌道をたどって飛んでいくのだ．それが "本当かな？" と確認するための例題である．

①　注目する物体はもう決まっている．質量 m の質点である．

②　物体に働く力は何だろうか？　投げるために加える力は，投げ出す寸前まで物体にかかる力であるため，投げた後を扱うこの問題で考える必要はない．この問題の設定では，サボりにサボったため，物体に働く力は重力のみである（だからこそ練習として適切となっている）．つまり，物体にかかる力は，

$$\boldsymbol{F} = m\boldsymbol{g} = m(0, 0, -g) \tag{4.20}$$

である．

③　物体に働く力がわかったので，運動方程式を立ててみよう．通常，直交座標系を用いる場合は，各方向について運動方程式を立てる必要がある．いまの場合は，y 軸方向に物体は動かないので実際上は必要ないが，確認のためあえて書いておこう．

$$m\frac{\mathrm{d}^2 x}{\mathrm{d}t^2} = 0, \tag{4.21}$$

$$m\frac{\mathrm{d}^2 y}{\mathrm{d}t^2} = 0, \tag{4.22}$$

$$m\frac{\mathrm{d}^2 z}{\mathrm{d}t^2} = -mg \tag{4.23}$$

となる．

④　運動方程式が書けたので，いよいよ解いていこう．運動方程式は，2 階の微分方程式だから，2 回積分する必要がある．まず 1 回目をすると，

$$\frac{\mathrm{d}x}{\mathrm{d}t} = v_x(t) = v_{0x}, \tag{4.24}$$

$$\frac{\mathrm{d}y}{\mathrm{d}t} = v_y(t) = v_{0y}, \tag{4.25}$$

$$\frac{\mathrm{d}z}{\mathrm{d}t} = v_z(t) = -gt + v_{0z} \tag{4.26}$$

となる．ここで，$v_{0i}\,(i = x, y, z)$ は積分定数である．

　これらの式を見ると，速度の x, y 方向成分については，定数である．つまり時間に依存しないということがわかった．初期速度を与えたら，いまの解析精

度では x, y 方向成分はずっと変わらないということだ. これは, 唯一の力である重力が x, y 方向成分をもたないので, 納得できるだろう. 積分の2回目をすると,

$$x(t) = v_{0x}t + x_0, \tag{4.27}$$

$$y(t) = v_{0y}t + y_0, \tag{4.28}$$

$$z(t) = -\frac{1}{2}gt^2 + v_{0z}t + z_0 \tag{4.29}$$

となる. ここで x_0, y_0, z_0 は積分定数である. これで, 2階の微分方程式3本に対して, 積分定数が6個 (1本あたり2個) 出てきたので一般解が求められたということだ.

　問題に合わせて積分定数を具体的に決めていこう. 初期条件は, 位置と速度に関して,

$$\boldsymbol{r_0} = (x_0, y_0, z_0) = (0, 0, 0) \tag{4.30}$$

$$\boldsymbol{v_0} = (v_{0x}, v_{0y}, v_{0z}) = (v_0 \cos\theta_0, 0, v_0 \sin\theta_0) \tag{4.31}$$

である. これらを求めた解に代入すると, 物体の速度は,

$$v_x(t) = v_0 \cos\theta_0, \tag{4.32}$$

$$v_y(t) = 0, \tag{4.33}$$

$$v_z(t) = -gt + v_0 \sin\theta_0 \tag{4.34}$$

である. また, 物体の座標は,

$$x(t) = v_0 t \cos\theta_0, \tag{4.35}$$

$$y(t) = 0, \tag{4.36}$$

$$z(t) = -\frac{1}{2}gt^2 + v_0 t \sin\theta_0 \tag{4.37}$$

となる. これらがあれば, 物体がいつどこをどのように運動するかが完全に決定されたことになる. もちろん, この物体が初速を与えられる前にどのような状態だったか, 重力以外の力が作用した後の状態[7]はこの問題設定だけからは何もわからない. その場合にはそれらの状況に合わせてどのような力が働くか

---

[7] 例えば, 誰かがキャッチしたり, 床で跳ね返ったりなど.

を改めて考えなくてはいけない．とにかく，いま与えられた設定における状況
では，運動方程式が解けたことになる．

⑤　解けたからといって，まだ安心してはいけない．出てきた答えが本当に注
目している現象をきちんと表現できているかを確認しなくてはいけない．単純
な計算間違いの場合も多いが，そもそも②で考えた力が変だったという場合も
十分ありうる．

　まず，式 (4.35, 4.37) から t を消去してみよう．式 (4.35) から，

$$t = \frac{x}{v_0 \cos\theta_0} \tag{4.38}$$

なので，式 (4.37) に代入すると，

$$z = -\frac{gx^2}{2v_0^2\cos^2\theta_0} + \tan\theta_0 x \tag{4.39}$$

である．これは，上に凸の放物線の式となっている．物体は確かに放物線の軌
道を描いて飛んでいくことが確認できた．

　地面は平らだとすると，どのくらい遠くに飛ばせるかを表す飛距離 R は，式
(4.39) で $z = 0$ とすることで求めることができる．

$$0 = \left(-\frac{gx}{2v_0^2\cos^2\theta_0} + \tan\theta_0\right) x \tag{4.40}$$

となるが，$x = 0$ の解は投げた瞬間は飛距離 0 という，数学的には正しいが物
理的には全く興味のない解であるので，

$$x = R = \tan\theta_0 \frac{2v_0^2\cos^2\theta_0}{g} \tag{4.41}$$

$$= \frac{2v_0^2 \sin\theta_0 \cos\theta_0}{g} = \frac{v_0^2 \sin 2\theta_0}{g} \tag{4.42}$$

となる．

　これはどういう意味だろうか？　よく考えてみよう．最も遠くまで投げたい
場合には，飛距離 R を最大にすればよい．そのときの飛距離を $R_{\max}$ とする．
式 (4.42) で，

$$\sin 2\theta_0 = 1$$

$$\therefore \theta_0 = \frac{\pi}{4} = 45° \tag{4.43}$$

のとき最大になって,

$$R_{\max} = \frac{v_0^2}{g} \tag{4.44}$$

である. 大体仰角 $45°$ の方向に投げたときに最も遠くまで飛ぶというのは, 普段の経験と一致すると思う. ちなみに, $R_{\max}$ の分母は重力加速度 g になっているので, g が小さくなる例えばエクアドルなどの高地でプロ野球が開催されたら, ホームランの数が増えるかもしれない. 選手が高地の環境に慣れる問題との競合関係を考えると難しいが, 理論的には高地のほうが飛距離は伸びるのである.

さて, 今度は最も高く投げたい場合を考えてみよう. 物体が最も高い地点にあるのは, $v_z = 0$ になるときである. そのときの時刻を t_1 とすると,

$$t_1 = \frac{v_0 \sin\theta_0}{g} \tag{4.45}$$

であり, そのときの高さ H は, 式 (4.37) で $z(t_1)$ なので,

$$H = \frac{(v_0 \sin\theta_0)^2}{2g} \tag{4.46}$$

となる. 最も高さが大きくなるのは,

$$\sin\theta_0 = 1$$
$$\therefore \theta_0 = \frac{\pi}{2} = 90° \tag{4.47}$$

である. 投げるものを高くまで届かせたければ, 真上に向かって投げる. これも当然のことだ.

このように, 答えとして出てきた式の意味をいろいろ考えてみて, ホントかな？と悩むことが大事である. この作業が一番楽しいので, 辛い思いをして微分方程式を一生懸命解いただけで終わってしまってはむくわれない. しかも, 間違えていたときには泣きっ面に蜂である.

▌空気抵抗▐

これまではサボってきたことを, 少しだけやる気を出して考えてみよう. 普段, 物体が運動するときに, 一番影響が大きいのは摩擦力である. ここでは空気中を運動するときに生じる空気との摩擦, すなわち空気抵抗を考えてみよう.

空気抵抗が物体の運動に大きな影響を与えることは日常生活中でよく知っているはずである．例えば，向かい風の中で自転車を漕ぐことを考えればよい．一般に，空気抵抗は物体の速さに依存する．ここでは，よく使われる速さに比例する粘性抵抗を考えよう．

$$F = -bv(t) \tag{4.48}$$

ここで，b は抵抗力と速さの比例係数である．b が具体的にどのような値になるかは，流体力学という分野で詳しく研究されているが，ここでは定数といておく．負号は空気抵抗によって v が減る方向に力が働くという意味だ．

　空気抵抗が効いてくる例として，雨滴の問題を考えてみよう．

例題 4-4　空気中を質量 m の雨滴が，速さに比例する空気抵抗を受けながら落下している．雨滴はどのような運動をするか考えてみよう．なお，風は吹いていないものとする．

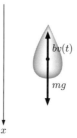

図 4.4　雨滴にかかる力

　この問題も，①から⑤の各ステップにそって考えてみよう．

①　注目する物体はもちろん雨滴である．以下，質点として解いていく．

②　雨滴に働く力は，図 4.4 に示すように重力と空気抵抗だけである．

③　どの力を考えるかが決まったので，運動方程式を書いてみよう．鉛直下向きを x の正の方向とすると，

$$m\frac{\mathrm{d}^2 x}{\mathrm{d}t^2} = m\frac{\mathrm{d}v}{\mathrm{d}t} = mg - bv(t) \tag{4.49}$$

である．

　いままでサボっていたことを真面目にやるというのは少し苦痛を伴うのが普

通である．力学の場合では，解くべき運動方程式が少し複雑になってしまう．

■変数分離型微分方程式■

④に入る前に少し寄り道して，式 (4.49) の微分方程式の解き方を見ておこう．いままでのように，両辺を積分したいのだが，このまま積分してはいけない．なぜならば，左辺の v を積分したいが右辺にも v がある．そのままこれまでのように両辺に微小量 dt を掛けて積分してしまっては，物理量の次元がおかしくなってしまう[*8]．

一般的な形で書くと，

$$f(y)\frac{\mathrm{d}y}{\mathrm{d}x} = g(x) \tag{4.50}$$

という状況だ．これをとにかく積分できる形にもっていきたい．dx, dy はもともと微小量だから，普通の変数と同じように演算することができると考えてよい．左辺，右辺でそれぞれ変数がそろうように変形すると，

$$f(y)\,\mathrm{d}y = g(x)\,\mathrm{d}x \tag{4.51}$$

となる．左辺は y のみの関数，右辺は x のみの関数であるから，今度は両辺それぞれ積分することができる．

$$\int f(y)\,\mathrm{d}y = \int g(x)\,\mathrm{d}x \tag{4.52}$$

を実行すればよい．このような形の微分方程式を変数分離型と呼ぶ．

④ では，式 (4.49) を v について解いてみよう．変数分離型なので，

$$\int \frac{\mathrm{d}v}{\frac{mg}{b} - v} = \int \frac{b}{m}\mathrm{d}t \tag{4.53}$$

と変形すると，左辺は v のみ，右辺は t のみの関数になっている．この形になると，両辺積分できる．

$$-\log\left|\frac{mg}{b} - v\right| = \frac{b}{m}t + C. \tag{4.54}$$

[*8] 流体力学的に求められる b の次元を考えると，式 (4.49) そのものは正しい次元の式となっている．

このままでは少し見づらいので log を外すと，

$$\left| \frac{mg}{b} - v \right| = \mathrm{e}^{-\frac{b}{m}t} \cdot \mathrm{e}^{-C} \tag{4.55}$$

となる．1階の微分方程式を解いて，積分定数を1個含んでいるから，これが一般解である．いま，問題設定から雨滴は落下する状況を考えている．式 (4.49) の右辺で $mg > bv$ のはずだから左辺の中身は，

$$\frac{mg}{b} - v > 0 \tag{4.56}$$

となり，絶対値をそのまま外すことができる．

次に，問題にそって積分定数を決めなくてはいけない．雨滴の初速度を0だと考えると，$t = 0$ で $v(0) = 0$ だから，

$$\frac{mg}{b} = \mathrm{e}^{-C},$$

$$v(t) = \frac{mg}{b}\left(1 - \mathrm{e}^{-\frac{b}{m}t}\right) \tag{4.57}$$

となる．これで式 (4.49) が解けた．

⑤　それでは，解けた答えが正しいかどうか確認してみよう．

まず，式 (4.57) で $t = \infty$ にすると，指数関数部分は0になるので，

$$v(\infty) = \frac{mg}{b} \tag{4.58}$$

となり，t を含まない形となる．これはどういうことだろうか？　t に依らない，つまり定数であるから速度は一定であるという意味だ．空気抵抗は速さに比例するのだから，雨滴が速くなれば速くなるほど空気抵抗が強くなる．そしていつか重力とつり合うのだ．このときの速度を終端速度という．式 (4.49) で速度一定，

$$\frac{\mathrm{d}v}{\mathrm{d}t} = 0$$

とすると，

$$mg - bv = 0$$

$$\therefore v = \frac{mg}{b} \tag{4.59}$$

となり，確かに式 (4.58) と一致する．

　速度に比例する空気抵抗が働く状況では，雨滴が落下しているといつかは速度が一定になるということがわかった．これも普段から経験している事実である．もし，はるか上空で発生した雨滴が際限なく加速され続けたとしたら，いくら m が小さいとはいえ，地上に到達するまでに運動量がだいぶ大きくなり，人間の皮膚は雨が降るたびに簡単につらぬかれてしまうだろう．雨滴の速度が一定だからこそ，人間が雨に降られても我慢できる程度の運動量に抑えられているということだ．

　今度は t が小さいときを考えてみよう[*9]．$bt \ll 1$ と考えてよいから，

$$e^{-\frac{b}{m}t} \simeq 1 - \frac{b}{m}t \tag{4.60}$$

を式 (4.57) に代入して，

$$v(t) = \frac{mg}{b}\left\{1 - \left(1 - \frac{bt}{m}\right)\right\} = gt \tag{4.61}$$

となる．

　つまり，落下し始めは速度 v が小さいので空気抵抗が小さく，ほぼ自由落下するということだ．これも受け入れやすい結果だろう．

　速度の時間変化 (式 (4.57)) を図 4.5 に示した．式 (4.58, 4.61) がそれぞれこの図の何に対応するかを確認しておこう．今回のように簡単な例題では式 (4.57) のように解析的な解が得られるので，直接グラフ化することが可能である．しかし，少し複雑な問題になると，全ての時間で解析的に運動方程式が解けるとは限らない．むしろ，解析的に解ける場合のほうが少ない．だからと

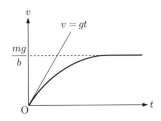

図 4.5 雨滴の速度変化

[*9] "近似をしますよ！"という場合のまくら言葉のようなものだ．ここではテーラー展開をしている．付録 A.3 参照．

いってあきらめてはいけない．どうにかサボって解けるところだけ解くことが大事である[*10]．一般的には，今回の問題のように，t がものすごく大きいとき，ものすごく小さいときなどのように，考えている状況の端っこなら解ける場合がよくある．図 4.5 で，式 (4.58, 4.61) しか知らないことを想像してみよう．いま，雨滴が落下するという現象を考えているので，$v(t)$ が変曲点を何個ももつような複雑な関数になっていることはないだろう．そうすると，$t = 0$ と $t = \infty$ での v の値やその傾きがわかれば，式 (4.57) の形を知らなくても，図のようなグラフを描くことはそれほど不自然ではないだろう．細かい t の依存性はわからなくても，このように"大体こんな感じだろう"という想像をする練習が大事である．わかっている部分をなんとか利用して，未知な部分を想像する能力は，物理に限らずあらゆる分野で役に立つはずである．こういう練習を簡単な例でたくさんする．これが理工系の学生がいやいやながら力学などの物理系科目を学ばなければいけない理由である．

[*10] サボるためにがんばる．禅問答のようだ．

章末問題

4.1　次の微分方程式の一般解を求めなさい.

(1)　$\dfrac{\mathrm{d}y}{\mathrm{d}x} = 3x^2 - 2x + 5$

(2)　$\dfrac{\mathrm{d}^2 y}{\mathrm{d}x^2} = x$

(3)　$\dfrac{\mathrm{d}y}{\mathrm{d}x} = \dfrac{1}{x}$

(4)　$\dfrac{\mathrm{d}y}{\mathrm{d}x} = \mathrm{e}^{-x}$

4.2　時刻 $t = 0\,\mathrm{s}$ で止まっていた質量 m の物体が, 一定の力 F を受けて x 軸上を運動する.

(1)　この物体の運動方程式を書きなさい.

(2)　$m = 10\,\mathrm{kg}$, $F = 10\,\mathrm{N}$ だった場合, この物体の加速度を求めなさい.

(3)　時刻 $t = 0\,\mathrm{s}$ のとき, 物体の位置が $x = 0\,\mathrm{m}$ だった. $t = 5\,\mathrm{s}$ での物体の速度と位置を求めなさい.

4.3　速度 $\boldsymbol{v}(t)$ に比例する空気抵抗力 $-b\boldsymbol{v}(t)$ がかかる状況で, 原点から質量 m の物体を仰角 θ, 初速 v_0 で $+x$ 方向に投げた. 鉛直下向を $+z$ 方向とする.

(1)　重力加速度を g とするとき, この物体の運動方程式を書きなさい.

(2)　運動方程式を解きなさい.

(3)　空気抵抗がない場合と比較して, 物体の軌跡の概形を描きなさい.

5

振動
うまくサボればみんな同じ

　前章までで，基本的な力学的問題に対する運動方程式の立て方，そしてその微分方程式の解き方がわかった．注目する物体が1つで，かつ回転などがない場合はこれで終わりにしてもよいのだが，応用上極めて重要な振動の問題をここで独立した章として学んでおこう．振動とはその言葉の通り，ある物体が規則的にある周期ごとに同じ位置に同じ速度でもどってくる現象である．我々の生活の中にもさまざまな振動現象があふれている．例えば，ブランコなどの遊具や，楽器の弦である．一般的な意味の振動では，より複雑な振動ももちろん含まれる．この章では，それらの振動現象をサボって見ると，特徴的な単振動とみなせることを確認する．冒頭にも書いたように，単振動は単に力学の問題として面白いだけでなく，さまざまな分野に応用される基礎になるので，ここでしっかりと理解しておくことが大事である．

5.1　いろいろな単振動

　振動を最も単純化した単振動として考えよう．と言っても，単振動だと思えるかどうかは，観測者がどのくらいサボるかに依存する．例えば，図5.1(a) を見てみよう．壁につながれたバネに，質量 m の物体がつながれている．バネの平衡の位置 ($x = 0$) から $+x$ まで物体を引っ張り，そっと手を放すと何が起きるだろうか？　床との間の摩擦力や，バネの発熱，および物体に働く空気抵抗が小さいとしてサボってしまえば，物体は $+x$ と $-x$ の間を永遠に行ったり来たりをくり返す．これが単振動である．次に図5.1 (b) はどうだろうか？　天井から吊るされた物体を，平衡の位置 ($\theta = 0$) から糸が張った状態のまま $+\theta_0$

(a) (b) (c)

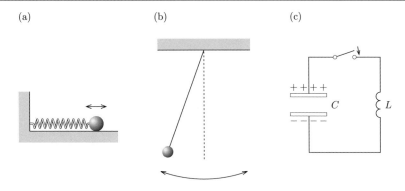

図5.1 さまざまな振動現象

までずらして，そっと手を放してみよう．糸と天井の摩擦力や，空気抵抗が小さいとしてサボってしまえば，物体は $+\theta_0$ から $-\theta_0$ の間を永遠に行ったり来たりする．これも単振動である．最後の図5.1(c)，これはピンとこない人も多いだろう．このような回路中で，コンデンサーの上下の板に $+Q, -Q$ の電荷がたまっているとき，スイッチを入れたら何が起きるだろうか？ コンデンサーにたまっていた電荷が回路を流れる電流となるが，コイルがあることによって誘導起電力が生じ，流れる電流の量によって加速される．ある程度時間がたつと，コンデンサーに最初にたまっていた電荷が逆転して，それぞれ $-Q, +Q$ がたまっている状態となる．そしてまだスイッチが入った状況だと，逆向きに同じことが起こり，ある周期でコンデンサーにたまる電荷が入れ替わる．この現象も電流による発熱を小さいとサボれば，電荷の入れ替えが永遠に続くことになる．意外かもしれないが，この現象も単振動と言えるのである．

それはなぜかというと，上記の現象は全て同じ形の運動方程式，

$$\frac{\mathrm{d}^2 q}{\mathrm{d}t^2} = -\omega^2 q \tag{5.1}$$

で書くことができるからである．ここで，q はいま注目している物体の座標や，図5.1(c) の場合には電荷など，注目している変数である．この形の方程式は，数学的には2階の線形微分方程式という名前がついている．他の理工系分野では単振動型の微分方程式と呼ぶことが多い．

5.2 単振動型微分方程式の解き方

▌線形 2 階微分方程式の解き方▌

式 (5.1) は，力学 (を含む物理) に限らずあらゆる分野で頻繁に出てくるので，ここでしっかりと解き方を習得しておかないといけない．数学的にはいろいろあるのかもしれないが，少なくとも力学ではとりあえずなんでもいいから解ければいいのである[*1]．まず，式 (5.1) の形をよく見てみよう．左辺は，q という量を，t で 2 回微分したという意味である．それが，右辺にある $-\omega^2$ と左辺で微分する前の q との掛け算と等しいという意味だ．何かこのような q に心あたりはないだろうか？ 実は，三角関数がこのような q の代表例である．確認してみよう．いま，$\sin\omega t$ という関数を試しに 2 回微分してみる[*2]．

$$\frac{d}{dt}\left(\frac{d}{dt}\sin\omega t\right) = \frac{d}{dt}(\omega\cos\omega t) = -\omega^2\sin\omega t \tag{5.2}$$

どうだろうか？ $q = \sin\omega t$ とおくと，確かに式 (5.1) を満たしている．つまり，$\sin\omega t$ は，式 (5.1) の解のうちの 1 つであることが言える．このような解を特殊解と呼ぶ．

他にも式 (5.1) を満たすような特殊解はないだろうか？ sin 関数が出てきたのですぐ想像できるのが，$\cos\omega t$ である．念のため，

$$\frac{d}{dt}\left(\frac{d}{dt}\cos\omega t\right) = \frac{d}{dt}(-\omega\sin\omega t) = -\omega^2\cos\omega t \tag{5.3}$$

確かに満たしている．

さて，式 (5.1) を満たす特殊解が 2 つ見つかった．実は，数学的にはこれで終わったも同然となる．2 階の線形微分方程式の一般解は，"2 つの特殊解をそれぞれ異なる積分定数倍して，足し合わせたものである" というありがたいルールがある．いまの場合は，

$$q(t) = A\sin\omega t + B\cos\omega t \tag{5.4}$$

が一般解となる．ここで，A, B は積分定数である．

なお，本によっては，式 (5.1) の一般解は，A', θ_0 を定数として，

$$q(t) = A'\cos(\omega t + \theta_0) \tag{5.5}$$

[*1] たぶん他の多くの分野でも同じだろう．
[*2] 試行関数という．試しに何かを行ってみる関数．そのままだ．

である．となっている場合がある．式 (5.4) と (5.5) は全く違う形に見えるようだが，どちらも微分方程式 (5.1) を満たし，かつ積分定数を 2 個含んでいるので一般解と言ってよい．本当だろうか？　式 (5.5) を変形してみよう．

$$A' \cos(\omega t + \theta_0) = A'\{\cos \omega t \cos \theta_0 - \sin \omega t \sin \theta_0\}$$

$$= (-A' \sin \theta_0) \sin \omega t + (A' \cos \theta_0) \cos \omega t \qquad (5.6)$$

となった．つまり，式 (5.5) で，$-A' \sin \theta_0 = A,\ A' \cos \theta_0 = B$ とすれば，2 式は全く同じなのである．どちらでも好きなほうを使えばよい[*3]．

例題 5-1　式 (5.4), (5.5) が微分方程式 (5.1) の解であることを確かめよう．

　解であることを確かめるとは，方程式の両辺に解の候補を代入し演算してみて，それぞれが等しくなることを確認すればよい．もし両辺が異なるようであれば，解が間違っているか，計算が間違っているかのどちらかである．

　どうだろうか？　きちんと式 (5.1) を満たしていただろうか？　一般解が見つかったので，これで数学的な作業は終わりとなる．後は，問題の状況に合わせて積分定数 A, B を具体的に決めればよい．その後，物理学的な意味を考えることを忘れてはいけない．

5.2.1　水平な 1 次元振動子

　それでは具体的に解いていってみよう．図 5.1(a) の状況を詳しく見てみる．質量 m の物体がバネ定数 k の軽いバネ[*4]でつながれ，x 方向にのみ運動するとする．平衡の位置 $(x = 0)$ から $x = x_0 (> 0)$ まで物体を引っ張り，$t = 0$ でそっと手を話す場合について考えてみよう．

　前章の手続きに従って運動方程式を解いていこう．

① 　注目する物体は今回ももう決まっている．質量 m の物体である．

② 　物体に働く力は，床との摩擦や空気抵抗を考えるのをサボれば，バネから受ける力のみとなる．もっと厳密に言うと，バネが伸び縮みすると発熱すると

[*3] A' や θ_0 は積分定数であるので別の文字でも同じである．また，$\sin, \cos$ 以外にも，$e^{-i\omega t}, e^{i\omega t}$ を特殊解として一般解をつくる本も多い．どのパターンだろうと，ルールを満たしていれば一般解であることはわからない．例題 5-1 参照．

[*4] 重さは考えないという意味だ．

いうことが起こるが，そういう難しい問題は当然サボっておこう．いま考えている状況では，x 方向にしか動かないので，重力は運動方向に直交している．運動に与える影響はないので，今回は考える必要はない．結局物体に働く力は，バネがつり合う位置を $x = 0$ として有名なフックの法則で表現される，

$$F = -kx \tag{5.7}$$

のみである．いまは 1 次元運動なのでベクトルではなくスカラーとして書いた．負号は，物体が x の＋側に移動した場合には－側に力がかかり，－側に移動した場合には＋側に力がかかるという意味だ[*5].

③　力が決まった．この場合の運動方程式は，

$$m\frac{\mathrm{d}^2 x}{\mathrm{d}t^2} = -kx \tag{5.8}$$

となる．これを変形すると，

$$\frac{\mathrm{d}^2 x}{\mathrm{d}t^2} = -\frac{k}{m}x = -\omega^2 x \tag{5.9}$$

$$\left(\omega \equiv \sqrt{\frac{k}{m}}\right) \tag{5.10}$$

となる．変数の名前のつけ方が x か q かで違うだけで，式 (5.1) と式 (5.9) は全く同じ形の微分方程式であることを確認しよう．

④　同じ微分方程式なので式 (5.9) の一般解は式 (5.5) になる．一般解は何のためにあるのかというと，初期条件などで決まるあらゆる状況に対応するためであった．この中の積分定数を状況に合わせて決めていこう．

まず，$t = 0$ のとき，$x = x_0$ なのだから，式 (5.5) に代入して，

$$x(0) = A' \cos \theta_0 = x_0 \tag{5.11}$$

となる．ここで，x_0 まで引っ張った物体を放した状況をよく考えてみよう．一度縮んだバネに物体が再び押しもどされてきて，x_0 よりも振幅が大きくならないことは容易に想像できるだろう．つまり，x_0 は振幅の最大値になっているはずであるから，

$$\therefore \theta_0 = 0, \qquad A' = x_0$$

[*5] 当然だと思うかもしれないが，問題設定が少し複雑になった場合に，この符合を逆にしたため解けないという答案に何度も出会ったことがあるので念のため注意しておく．

であることがわかる．積分定数が2つとも決まったのでいまの運動状況に対応
した解は，

$$x(t) = x_0 \cos \omega t \tag{5.12}$$

と書ける．これで物体がどのような振動をするかが完全に決まった．

⑤　念のため物体の運動をグラフに描いてみよう．(図5.2) から，実際に物体
がバネの力で振動している状況をイメージできることが大事だ．cos 関数なの
で $t = 0$ で最大値 x_0 の三角関数になることを確認してほしい．

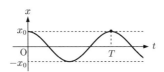

図 5.2　時間と振幅の関係

例題 5-2　図 5.1(a) の1次元振動子で，$x = 0$ に静止していた物体に，$t = 0$
で $+v_0$ の速さを与えた．どのような運動になるか図示してみよう．

初期条件が変わると，当然物体の運動もそれに合わせて変わる．この場合に
は sin 関数となることを確認しよう．まず，方程式は同じなので，一般解が式
(5.5) であることは同じだ．まず，$x(0) = 0$ より，

$$0 = A' \cos \theta_0 \tag{5.13}$$

だから，$\theta_0 = \pi/2$ であることがわかる．次にそれを時間で微分すると，

$$v(t) = \omega A' \sin \left(\omega t + \frac{\pi}{2} \right) = \omega A' \cos \omega t \tag{5.14}$$

となる．速度の初期条件は $v(0) = v_0$ であるから，

$$v(0) = \omega A' = v_0$$

$$\therefore A' = \frac{v_0}{\omega} \tag{5.15}$$

である．最終的に，

$$x(t) = \frac{v_0}{\omega} \sin \omega t \tag{5.16}$$

となる．振幅は当然ながら与える初期速度に依存する．図に描くのは宿題としよう．

　1 次元振動子について，確かに一般解が式 (5.4) や (5.5) で書けることがわかった．この解についてもう少し調べておこう．振動するので，1 周期分の時間がわかっていると便利なことが多い．cos の角度部分については，

$$\omega t = 2\pi$$

で 1 周期であるので，振動の周期 T は，

$$T = \frac{2\pi}{\omega} = 2\pi\sqrt{\frac{m}{k}} \tag{5.17}$$

である．1 秒間に何回振動を繰り返すのかを表す振動数 f は，

$$f = \frac{1}{T} = \frac{1}{2\pi}\sqrt{\frac{k}{m}} \tag{5.18}$$

となる．つまり，バネにつながれた物体の振動数は，バネが強ければ大きくなり，物体が重くなれば小さくなるということだ．これらもイメージしやすいだろう．しかし，これらの T や f には，日常的感覚ではイメージしにくいことも含まれている．それは，振動の最大振幅 x_0 に関することである．最大振幅は，もちろん振動現象を観測する上で重要な物理量であるが，振動の本質である周期や振動数に x_0 は出てこない．つまり，ある物体が同じバネにつながれている場合，振幅が大きかろうが小さかろうが，1 周期分にかかる時間は等しい．振幅は振動の周期には関係ないのだ．この結論を振動の等時性という．

5.2.2　単振り子

　いままでやってきた 1 次元振動子の問題が解ければ，他の単振動もほとんど解けたのと同じである．図 5.3 に示した振り子 (単振り子) の問題を考えてみよう．

　質量 m の物体が天井から長さ L のひもで吊るされている．ひもは常に張っている[*6]としよう．鉛直下向きを $\theta = 0$ とし，図中の反時計回りに振り角 θ をとる．空気抵抗や，ひもと天井との摩擦は考えない．

[*6] 長さ不変という意味だ．

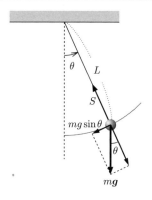

図 5.3 単振り子

　毎回全てを手順通り進めるのもしつこいかもしれないので，混乱しやすい②と③だけ詳しく見ていこう.

②　物体に働く力は，まず重力 mg が鉛直下向きにかかる. そしてひもで吊るされているのだからその張力 S を忘れてはいけない.

③　さて，力がわかったので運動方程式を立てよう.

　図 5.3 を見てみよう. ひもの長さが一定なので，物体の運動はひもの天井側の端を中心とした半径 L の円弧上に限られる. $\theta = 0$ を基準とすると，振り角 θ の場合には，物体の位置は $L\theta$ である. その場合に物体にかかる重力を図 5.3 のように円弧の接線方向成分と動径方向成分に分解する. 動径方向は，条件から張力 S と重力の動径成分がつり合っている. 運動方程式を念のため書いておくと，

$$0 = \frac{\mathrm{d}^2 L}{\mathrm{d}t^2} = S - mg\cos\theta \quad \text{(動径方向)}$$

$$\therefore S = mg\cos\theta \tag{5.19}$$

である.

　振り子運動に直接関係するのは接線方向だけであるので，運動方程式は，

$$m\frac{\mathrm{d}^2 L\theta}{\mathrm{d}t^2} = mL\frac{\mathrm{d}^2\theta}{\mathrm{d}t^2} = -mg\sin\theta,$$

$$\frac{\mathrm{d}^2\theta}{\mathrm{d}t^2} = -\frac{g}{L}\sin\theta \quad \text{(接線方向)} \tag{5.20}$$

となる．ここで，力は常に θ を減らす方向にかかることを図 5.3 を見て確認しよう．式 (5.20) はこれまで見たことがない複雑な微分方程式になっている．実際にこのままの形を手で解くのは難しい．簡単にするため，θ が小さい振動だと仮定しよう．その場合は，$\sin\theta \simeq \theta$ と近似できる[*7]ので，

$$\frac{\mathrm{d}^2\theta}{\mathrm{d}t^2} = -\frac{g}{L}\theta \tag{5.21}$$

となる．ここで，$\omega = \sqrt{g/L}$ とおくと，式 (5.21) は，

$$\frac{\mathrm{d}^2\theta}{\mathrm{d}t^2} = -\omega^2\theta \tag{5.22}$$

と書ける．これは，変数の名前のつけ方が異なるだけで，式 (5.9) と全く同じ方程式である．

　同じ形の微分方程式の解は，(当然) 同じ形になるので，θ は，

$$\theta(t) = \theta_{\max}\cos(\omega t + \beta) \tag{5.23}$$

となる．ここで，$\theta_{\max}, \beta$ は初期条件で決まる積分定数である．これで単振り子の問題が解けた．

　バネのときと同様に，周期や振動数を求めてみよう．

$$T = \frac{2\pi}{\omega} = 2\pi\sqrt{\frac{L}{g}}, \quad f = \frac{1}{T} = \frac{1}{2\pi}\sqrt{\frac{g}{L}} \tag{5.24}$$

である．

　この結果から，振り子の振動周期 T は，L が長ければ大きく (遅く) なり，短ければ小さく (速く) なる．この場合も，$\theta_{\max}$ や m は関係ない．つまり振れ幅の大きさや，物体の質量は関係なく，L が同じならば振動の周期は同じとなる．これも振動の等時性という．例えば，重い子 (もちろん大人でもよい) と軽い子が長さの同じブランコに乗っているとき，どちらもほぼ同じ周期で往復するということだ．ほぼと言ったのにはちゃんと意味がある．式 (5.21) を出す途中で近似したように，いまの場合は本来 $\sin\theta_{\max}$ としなければいけない量を，単に $\theta_{\max}$ だとサボって見ていた．この近似が有効なときはブランコの周期は同じであると言ってよい．しかし，多くの人が経験しているように，ブランコは少

[*7] 実はこれもテーラー展開である．付録 A.3 参照．

しがんばって漕げば $\theta = \pi/4 = 45°$ くらいにはなるだろう. そのときは, 近似が通用しなくなるので, 厳密には等時性は成り立たない. かといって, 近似の精度が悪くなるというだけで全く異なる周期になるわけではない. 数往復分なら気にならない程度に等時性を実感できるだろう. この意味でいうと, 図 5.3 は θ が大きすぎる. 力の具合をわかりやすく描くためにあえて大きな θ を図に示したことに注意しよう.

例題 5-3 $\sin\theta = \theta$ という近似が, $\theta = \pi/100, \pi/10, \pi/4$ のそれぞれでどれくらい精度があるかを求めてみよう.

関数電卓や三角関数表[*8]を使って, それぞれの $\sin\theta$ を求めよう. それらを用いて, 相対誤差 σ_θ

$$\sigma_\theta = \frac{|\sin\theta - \theta|}{|\sin\theta|} \tag{5.25}$$

を計算すればよい.

$$\sigma_{\pi/100} = 0.00019, \quad \sigma_{\pi/10} = 0.01664, \quad \sigma_{\pi/4} = 0.11072 \tag{5.26}$$

となるはずだ. $\pi/10 = 18°$ の時点で 1.7% ズレて, $\pi/4 = 45°$ まで行くと 10% 以上ズレてしまうということだ[*9]. 以前にも触れたように, このズレを大きいと見るか小さいと見るかは求める精度による. ブランコの周期を比べる程度なら十分かもしれない.

例題 5-4 再び図 5.3 の振り子を考える. $T = 1\,\mathrm{s}$ となるときの L を求めてみよう.

式 (5.24) から,

$$T = 2\pi\sqrt{\frac{L}{g}} \Rightarrow L = \frac{gT^2}{4\pi^2} \simeq \frac{9.8 \times 1^2}{4 \times 9.61} \simeq 0.25\,\mathrm{m} \tag{5.27}$$

である. つまり, 振り子のひもを 25 cm にすれば, 周期 1 s の振動になる[*10].

[*8] 最近は, スマホで誰もがいつでも関数電卓を使える状況のようだ. すごい. 三角関数表という言葉はいずれ死語となってしまうかもしれない.

[*9] 近似としての $\sin\theta = \theta$ が 10% ズレるということに注意. ブランコの周期が直接 10% ズレるという意味ではない.

[*10] 例えばひもと 50 円玉があれば簡単にできるので確認してみるといいだろう. 50 円玉の穴から 25 cm ということに注意しよう. 1 往復では測定しにくいので, 10 往復 10 s で測るこ

5.2.3 重力加速度

さて，簡単な振り子の問題を考えてきたが，周期 T とひもの長さ L の関係は，真剣に注意深く測れば正確に求められる．それらの値を使えばその場所の重力加速度を式 (5.24) を用いて，

$$g = \frac{4\pi^2 L}{T^2} \tag{5.28}$$

によって算出できる．第3章で g が測定場所によって異なることを紹介した．式 (5.28) を用いれば，$g = 9.8\,\text{m/s}^2$ からどの程度ズレるかがわかる．ただし，50円玉とひもで簡単につくったような振り子ではなく，L を 1 m を越えるほど長くとり，それを mm 単位まで正確に調整し，かつ $\sin\theta = \theta$ がかなりの精度で成り立つ範囲の微小振動を根気よく測るというレベルの実験が必要となる．

5.3 減衰振動と強制振動

これまでは少しサボりすぎた見方をしてきた．式 (5.5) は，振動が同じ振幅で永遠に続くという解である．日常で経験しているように，バネや振り子で振動する物体を放置すれば，振幅が小さくなりやがて止まってしまうだろう．このような振動を減衰振動という．これは運動を止める方向に働く摩擦力が大きな原因である．摩擦力を考慮に入れると，例えば式 (5.9) に，

$$\frac{\mathrm{d}^2 x}{\mathrm{d}t^2} = -\omega^2 x - \beta \frac{\mathrm{d}x}{\mathrm{d}t} \tag{5.29}$$

のように，速さに比例する項が加わる．

振動が減衰しないようにするためには，外から力を周期的に加え続けなくてはいけない．そのような振動を強制振動という．そのような運動を解析するには，式 (5.29) に振動する力の項を加えて，

$$\frac{\mathrm{d}^2 x}{\mathrm{d}t^2} = -\omega^2 x - \beta \frac{\mathrm{d}x}{\mathrm{d}t} - \gamma \cos\omega' t \tag{5.30}$$

を解けばよい．式 (5.29, 5.30) は，応用上極めて重要であるが，少しレベルが高いので，紹介するだけにしておく．

とをお勧めする．

休憩室 専門分野と文化

　私はコミュニティとしての物理学会が好きだ．物理系では，絶対的な基礎法則さえ勉強してしまえば，あとはみんな同列．世界的権威であっても，大学出たての若者でも，少なくとも表面上は同志として扱ってくれる文化が昔からあるようだ [11]．

　例えば，学会後の懇談の席などで，大御所ご本人の研究について仮に否定的に切り込んでいっても，"君はずいぶん元気がいいねぇ"などと言って優しく議論に付き合ってくれることも多い [12]．ときには夜が明けるまでガッチリ付き合ってくれる．想像するに，いまの大御所たちも駆け出しの若者のころにその当時の大御所たちにそのように扱ってもらっていたという文化が受け継がれているということなのだと思う．

　一方，ある分野では懇談の席で若者は大御所に話しかけるどころか近くに座ることすらできないらしい．厳しい．うまいものをいっぱいただで飲み食いさせてくれるならそれでもいいのかもしれないが，そういうことでもないようだ．そして，参加しないとそれはそれでその後怒られることもあるという．

　どちらがいいとか悪いとかは，当人がどう考えるかによるのでなんとも言えない．しかし，このような文化の違いはどこからくるのだろうか？　私は，経済に直接関係してくる割合が高いほど分野がどんどん硬く・厳しくなるという印象をもっている．物理学会に出かけると，Tシャツにジーンズの人がゴロゴロしている．企業人の割合が比較的少ないからである．企業人は，仕事だから当然ということで，せっかく地方まで来ているのに学会会場にスーツを着てくる人が多い．その割合が増えるに従って，会場の雰囲気が硬くなっていくようだ．格好など気にせずに勉強や研究を楽しみたい人に物理学会はお勧めだ [13]．ちなみに私は，かつて非物理系の某学会に物理学会のノリで参加し，Tシャツのまま発表をしようとしたら，まず

---

[11] 実はこのほうが厳しい世界なのかもしれない....
[12] そうでない場合ももちろんある．気をつけよう．
[13] 物理よりもさらに一層浮世離れしている純粋数学系も同じような感じと聞いたことがある．

座長 (司会者) の先生に "君は本当にその格好で話す気なんですか？" と怒られてから発表させられたことがある．スーツを着て話せばその分上手に話せるのなら着てもよいかもしれないが…．各分野に文化の違いが存在することを知らなかった若気の至り (?) としておこう．

　くだらないことで怒られないためにも，それぞれ自分の進みたい分野がどのような文化なのかは，事前にちょろっとでも調べておくことをお勧めする．私とは違って，物理学会のような雰囲気が受け入れられない人も当然いるだろう．自分のやりたい分野の文化が自分の肌にあったものだったら最高だが，そうでない場合も多いと思う．このミスマッチはどのように解決すればいいのかよくわからない．ただ，覚悟ができているかどうかは案外大きい気がする．

　最近は学際的分野 [14] も多くなっているので，前ほど気にしなくてもよくなっているのかもしれない．

---

[14] 既存の分野にとらわれない大きなくくり

章末問題

5.1 e^x を，x の小さいところでテーラー展開 (付録 A.3) すると，

$$e^x \simeq 1 + x + \frac{1}{2}x^2 + \cdots$$

である．$(e = 2.71828\ldots)$

(1) $e^{0.1} = 1.10517\ldots$ は，1 次までの近似，2 次までの近似でそれぞれ何 % ズレるか計算しなさい．

(2) $e^{0.5} = 1.64872\ldots$ は，1 次までの近似，2 次までの近似でそれぞれ何 % ズレるか計算しなさい．

5.2 単振動型の微分方程式，

$$\frac{d^2 q}{dt^2} = -\omega^2 q \tag{5.31}$$

を考える．

(1) $e^{i\omega t}, e^{-i\omega t}$ がそれぞれ特殊解になっていることを確認しなさい．

(2) (1) の特殊解を用いて一般解をつくり，それが式 (5.4) と等価であることを示しなさい．

(3) 特殊解として $e^{i\omega t}, \cos\omega t$ を選んだときはどうなるか？

5.3 長さ l の糸につながれた質量 m の物体からなる振り子を考える．ただし，振り子の揺れは小さいとし，地上での重力加速度を $g = 9.8\,\text{m/s}^2$ とする．

(1) 振り子の長さを $0.5\,\text{m}$ にした時の周期を求めなさい．

(2) (1) の振り子を月面 (重力が地球の 1/6) に持っていった場合に周期がどうなるかを求めなさい．

5.4* 図のように，質量 m の物体 2 つが 3 本のバネ (バネ定数 k) でつながれている．ただし，運動は x 方向のみとする．

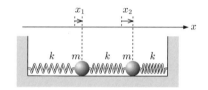

(1) 2つの物体の位置 x_1, x_2 に対して運動方程式をそれぞれ書きなさい.

(2) $x_1 = Ae^{i\omega t}, x_2 = Be^{i\omega t}$ で振動する解があると仮定して，運動方程式を行列の形で書きなさい.

(3) $(A, B) \neq \mathbf{0}$ となる ω を求めなさい. ただし，$\omega > 0$ とする.

6

仕事とエネルギー
サボるために知っておくべきこと

　本章では仕事とエネルギーの関係について学ぶ．仕事，エネルギー，それぞれ日常生活で使うことも多い言葉だと思うが，物理学的な仕事，エネルギーはちゃんとした定義のある物理量である．日頃のイメージにひきずられないように注意しよう．これまで，運動方程式を解くことで注目する物体の運動を見てきた．しかし，新しい問題を考えるたびに前章で紹介した手続きをいちいち繰り返し，微分方程式を解くというのは少し面倒くさい．なんとかサボることはできないだろうか？

　問題設定に依存しない一般的な形式の運動方程式をいじくって得られた結果は，もちろんその一般性を失わない．つまり，どのような問題のときにも適用できると考えてよい．このような考え方から "力学的エネルギー保存則" という重要な，そしてサボるために便利な法則が導かれることを見ていこう．

6.1　仕事と仕事率

　まず力学的な仕事を定義しよう．図 6.1 のように，床の上の物体に力 $\boldsymbol{F}$ をかけて，距離 s 動かすことを考える．このときの仕事 W を，

$$W \equiv \boldsymbol{F} \cdot \boldsymbol{s} = Fs\cos\theta \tag{6.1}$$

と定義する[*1]．ここで，θ は力 $\boldsymbol{F}$ と物体の変位 $\boldsymbol{s}$ のなす角である．このように定義すると，移動方向に垂直な力は仕事には関係ない．この場合は，重力や垂直抗力が仕事に関与しない力である．

　物体が直線的に移動する場合の仕事は，式 (6.1) を使って簡単に計算できる．

[*1] 内積については付録 A.1 参照．

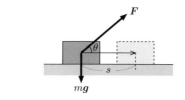

図 6.1 仕事と力の関係

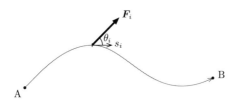

図 6.2 一般的な経路の仕事

しかし，一般的には物体が力をかけられて直線的に動くことは少ないだろう．図 6.2 のように，物体が A から B まで移動する場合を考えよう．このようなときには，移動する途中々々の微小区間でそれぞれ式 (6.1) のように仕事を考える．i 番目の微小区間で接線方向の移動距離 $\Delta \boldsymbol{s}_i$ とその場所での力 $\boldsymbol{F}_i$ とすると，i 番目の微小区間における仕事は，θ_i を，$\boldsymbol{F}_i$ と $\boldsymbol{s}_i$ のなす角として，

$$\Delta W_i = \boldsymbol{F}_i \cdot \boldsymbol{s}_i = F_i \Delta s_i \cos \theta_i \tag{6.2}$$

と書ける．

A から B までの仕事は，式 (6.2) を全部足し合わせればよいので，

$$W_{\mathrm{A} \to \mathrm{B}} \equiv \lim_{N \to \infty} \sum_i^N \boldsymbol{F}_i \cdot \boldsymbol{s}_i = \int_{\mathrm{A}}^{\mathrm{B}} F_t \, \mathrm{d}s \tag{6.3}$$

と定義する．ここで F_t は軌跡上の各点における力の接線方向成分である．

一般的な形がわかったので，最初の図 6.1 の例にもどってみよう．

$$W = \int_0^s \boldsymbol{F} \cdot \mathrm{d}\boldsymbol{s} = \int_0^s F \cos \theta \, \mathrm{d}s = F s \cos \theta \tag{6.4}$$

となり，確かに式 (6.1) と同じになることが確認できた．

仕事という物理量の次元 (単位) を考えると，力 × 距離なので，$\mathrm{kg} \cdot \mathrm{m}^2 / \mathrm{s}^2$

である．この単位は特別に J (ジュール) と呼ぶことが多い[*2].

▋仕事率▋

同じ仕事をする際に，素早くやる場合とゆっくりやる場合をちゃんと区別しておきたい．そのために仕事率という概念を導入する．

仕事率は，単位時間当たりの仕事で定義される．Δt の間に，物体が力 $\boldsymbol{F}$ によって $\Delta \boldsymbol{s}$ 移動したときの仕事率 P は，

$$P \equiv \lim_{\Delta t \to 0} \frac{\Delta W}{\Delta t} = \lim_{\Delta t \to 0} \frac{\boldsymbol{F} \cdot \Delta \boldsymbol{s}}{\Delta t} = \boldsymbol{F} \cdot \boldsymbol{v} \tag{6.5}$$

と書ける．最後の変形には速度の定義，

$$\lim_{\Delta t \to 0} \frac{\Delta \boldsymbol{s}}{\Delta t} = \boldsymbol{v} \tag{6.6}$$

を用いた．

仕事率の次元 (単位) は，J/s である．これを W (ワット) と呼ぶことが多い．照明関係でよく使う W と同じである[*3].

例題 6-1　1000 kg の石材を，クレーンで 25 m 吊り上げるのに 20 秒かかった．このときの平均仕事率がいくらになるか求めてみよう．

$$W = mgh = 1000 \times 9.8 \times 25 \, \text{kg} \cdot \text{m/s}^2 \cdot \text{m} = 2.45 \times 10^5 \, \text{J}.$$

平均仕事率を $\overline{P}$ とすると

$$\overline{P} = \frac{2.45 \times 10^5}{20} \text{J/s} = 1.2 \times 10^4 \, \text{W} = 12 \, \text{kW}.$$

6.2　仕事とエネルギー

6.2.1　仕事と運動エネルギー

ここでは，仕事と運動エネルギーの関係を見てみよう．まず，運動エネルギー K を以下のように定義する．

[*2] そのうち学ぶ熱力学によって，熱もエネルギーの 1 形態であることが明らかになる．ジュールは熱力学の発展に大きな貢献をした科学者の名だ．力学的なエネルギーと熱量との換算式は，1 cal = 4.2 J である．おやつを食べた分のカロリーを消費するのに，どれくらい力学的な仕事が必要になるかを確かめて絶望しよう．

[*3] 熱と同様に，電磁気関係のエネルギーも力学的エネルギーと変換できそうな気がした人はするどい．なお，ワットも熱力学関連の偉人の名だ．

$$K \equiv \frac{1}{2}mv^2 \tag{6.7}$$

なぜこのような物理量を運動エネルギーと定義するかは，後の計算に便利だからであるということに尽きる．もちろん，物体が運動することに関するエネルギーはこれ以外にも考えられるかもしれない．ただし，エネルギーという物理量の次元を式 (6.7) と異なる定義にすると，後でわかるようにいままでの力学全てを変更しなくてはいけないので面倒くさいことになる．だから mv^2 の項はこれ以外の選択肢はほとんどない．焦点は係数 1/2 をどうするかになるかと思う．独自の定義をつくって，力学を再構築してももちろん問題ないし，そういうことがしたいという気概を大切にしてほしいとは思うが，ここは先人がつくってくれた処方箋に従うことにしよう．1/2 にしておくと，後に見るようにいろいろな計算が簡単になる．一度，式 (6.7) を認めれば，その定義から，速度が変化する，すなわち物体に力が加えられるときの運動エネルギーの変化が求められる．図 6.3 のような 1 次元の状況を考える．質量 m の物体が時刻 t_A に $v(t_A)$ の速度で x_A を通過する．この物体に，t_A から t_B まで力 F を加え続けたとしよう．ある瞬間の運動方程式，

$$m\frac{\mathrm{d}v}{\mathrm{d}t} = F \tag{6.8}$$

の両辺に v を掛け，それを t_A から t_B まで時間 t で積分してみると，その左辺と右辺は

$$左辺 = m\int_{t_A}^{t_B} v\frac{\mathrm{d}v}{\mathrm{d}t}\mathrm{d}t = m\int_{t_A}^{t_B} \frac{1}{2}\frac{\mathrm{d}v^2}{\mathrm{d}t}\mathrm{d}t$$

$$= \left[\frac{mv^2}{2}\right]_{v(t_A)}^{v(t_B)} = \frac{1}{2}mv^2(t_B) - \frac{1}{2}mv^2(t_A)$$

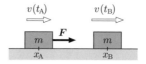

図 6.3　運動状態の変化

$$\text{右辺} = \int_{t_A}^{t_B} F \frac{dx}{dt} dt = \int_{x_A}^{x_B} F\, dx = Fx_B - Fx_A = W_{A \to B}$$

$$\therefore W_{A \to B} = \frac{1}{2}mv^2(t_B) - \frac{1}{2}mv^2(t_A) \tag{6.9}$$

となる．つまり，**"物体に仕事をすると，その仕事と同じ分だけ運動エネルギーが変化する"** ということが示せた．

6.2.2 仕事とポテンシャルエネルギー

次に，仕事とポテンシャルエネルギー (位置エネルギーと同じ意味だと思ってよい) の関係を考える．ポテンシャルエネルギーを定義する準備として，まず保存力という量を定義する必要がある．

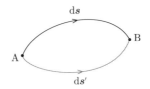

図 6.4 保存力のする仕事の経路

保存力とは，ある点 A から点 B までの力の積分 (つまり仕事) が A と B の位置だけで決まる力だと定義される．図 6.4 のように，点 A から点 B まで物体を移動させることを考えよう．保存力の定義を考えれば，以下の式 (6.10) のように，図中の経路 ds を通った場合の仕事と経路 ds' を通った場合の仕事が等しいとき，$\boldsymbol{F}$ は保存力ということだ．

$$\int_A^B \boldsymbol{F} \cdot d\boldsymbol{s} = \int_A^B \boldsymbol{F} \cdot d\boldsymbol{s}' \tag{6.10}$$

ここで，A からスタートし，A → B は経路 $d\boldsymbol{s}$ を通り B → A は経路 $d\boldsymbol{s}'$ にそって再び A にもどってくる場合の仕事を考えると，

$$\int_A^B \boldsymbol{F} \cdot d\boldsymbol{s} + \int_B^A \boldsymbol{F} \cdot d\boldsymbol{s}' = \int_A^B \boldsymbol{F} \cdot d\boldsymbol{s} - \int_A^B \boldsymbol{F} \cdot d\boldsymbol{s}' = 0 \tag{6.11}$$

となる．ここで式 (6.10) を用いた．つまり，$\boldsymbol{F}$ が保存力のみの場合，ある点からどこかに移動したのちまた同じ点にもどってくるとその移動に関する仕事は

0 となる！　逆に言えば，ある経路 C にそって F を積分した際に，積分値が 0 になることが F が保存力であることの条件となる．

$$\oint_C F \cdot \mathrm{d}s = 0 \tag{6.12}$$

ここで，$\oint_c$ は，閉じた経路にそって一周積分するという意味である．

　式 (6.12) の条件を満たす保存力を F_c と書くことにしよう．保存力は，経路によらずにある点から別の点に移動したときの仕事が一定になるので，どこかに基準となる点 r_0 を決めておけば，点 r における F_c に対するポテンシャルエネルギー $U(r)$ を定義することができる．

$$U(r) \equiv -\int_{r_0}^{r} F_\mathrm{c}(r) \cdot \mathrm{d}s \tag{6.13}$$

　保存力として最も有名な例は，重力や電磁気力などの中心力[*4]である．図 6.5 のように中心力のみがかかっている物体を r_A から r_B まで移動させることを考えよう．式 (6.13) から r_A でのポテンシャルエネルギーが決まる．中心力は半径 $|r_\mathrm{A}|$ の同心円の接線方向の成分をもたないので，物体を同心円上で移動させる場合の仕事は 0 である．ということは，半径が同じ同心円上ではポテンシャルエネルギーは等しくなる．つまり，ポテンシャルエネルギーはベクトル r_A と r_B のみ (正確には原点からの距離のみ) で決まる．これで中心力が保存力であることが確認できた．

図 6.5　中心力の原点と位置ベクトルの関係

　A から B まで移動する際に保存力がする仕事を再び考える．移動する経路に依らないのが保存力なので，一度ポテンシャルエネルギーの基準点に寄り道を

[*4] 原点方向の力のこと．引力でも斥力でもよい．

すると,

$$W_{A \to B} = \int_{r_A}^{r_B} F_c(r) \cdot ds = \int_{r_A}^{r_0} F_c(r) \cdot ds + \int_{r_0}^{r_B} F_c(r) \cdot ds$$

$$= U(r_A) - U(r_B) \tag{6.14}$$

となる. つまり, **"保存力のする仕事はポテンシャルエネルギーの変化量に等しい"** という重要な結果が導かれた.

▌重力のポテンシャルエネルギー▐

重力は中心力であるから保存力である. 質量 m の質点が r_0 から r まで移動するときに重力がする仕事は

$$W = \int_{r_0}^{r} mg \cdot ds = mg \cdot \int_{r_0}^{r} ds = mg \cdot (r - r_0) \tag{6.15}$$

となる. 確かに仕事は始点と終点だけで決まっている.

図 6.6 のように, 地面から x の位置 (x) にあるポテンシャルエネルギーを求めてみよう. 地面から持ち上げる経路はいろいろ考えられるが, 重力が保存力であることのご利益を使って, 最終地点まで地面からまっすぐ垂直に持ち上げる経路を考える. そうすると 1 次元の問題として考えることができる. 次元数をサボれるのは数学的にはかなりうれしい.

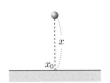

図 6.6 地表から x の距離にある物体

$$U(x) = - \int_{x_0}^{x} mg \cdot ds = -mg \cdot (x - x_0) = mg(x - x_0) \tag{6.16}$$

最後の等号で 1 次元であることを使った. ここで, 地面の高さをポテンシャルエネルギーの基準 $x_0 = 0$ とすると,

$$U(x) = mgx \tag{6.17}$$

となる．高く持ち上げれば持ち上げるほど物体のポテンシャルエネルギーは大きくなる．

■ 微分形と積分形 ■

ここまでで，保存力を積分することでポテンシャルエネルギーを定義した．微分と積分は大雑把に言うと逆の操作なので，**ポテンシャルエネルギーを微分すれば力がわかる**ことになる．

1 次元の場合では，

$$- \int_{x_0}^{x} F_{\mathrm{c}}(x') \, \mathrm{d}x' = U(x)$$

$$\leftrightarrow F_{\mathrm{c}}(x) = -\frac{\mathrm{d}U}{\mathrm{d}x} \tag{6.18}$$

である．

後で (電磁気学や量子力学を勉強する際) 必要になるので 3 次元の場合も確認しておこう[*5]．式 (6.18) と同様の式を書くと，

$$- \int_{\boldsymbol{r}_0}^{\boldsymbol{r}} \boldsymbol{F}_{\mathrm{c}}(\boldsymbol{r}') \, \mathrm{d}\boldsymbol{r}' = U(\boldsymbol{r})$$

$$\leftrightarrow \boldsymbol{F}_{\mathrm{c}}(\boldsymbol{r}) = -\nabla U(\boldsymbol{r}) \tag{6.19}$$

となる．ここで，∇[*6]は微分演算子，

$$\nabla \equiv \left(\frac{\partial}{\partial x}, \frac{\partial}{\partial y}, \frac{\partial}{\partial z} \right) \tag{6.20}$$

である．電磁気学や，ベクトル解析の講義でいやというほど出てくるので，ここでは軽く触れるだけにしておこう[*7]．式 (6.20) を見るとわかるように，∇ は微分演算子かつベクトルなので，演算のパターンが 3 種類ありうる．スカラー量に対して演算する場合の勾配 (gradient)，ベクトル量に対しては，内積に対応する発散 (divergence)，外積に対応する回転 (rotation) である．この ∇ を使うと，保存力の条件であった式 (6.12) を微分形で，

$$\nabla \times \boldsymbol{F}_{\mathrm{c}}(\boldsymbol{r}) = -\nabla \times \nabla U(\boldsymbol{r}) = \boldsymbol{0} \tag{6.21}$$

[*5] この部分は飛ばしても本書の後には全く影響しない．
[*6] ナブラと読む．
[*7] いますぐ知りたい人のために付録 A.1 の後半に簡単な演算ルールなどを紹介してある．

と書くことができる. ここで, 最初の等号には式 (6.19) を用いた.

■バネのポテンシャルエネルギー■

弾性力によるバネの弾性エネルギーは, 伸び縮みする距離だけで決まりそうだ.

$$F(x) = -kx \tag{6.22}$$

から, ポテンシャルエネルギーを考えると,

$$U(x) = -\int_0^x (-kx)\,\mathrm{d}x = \frac{1}{2}kx^2 \tag{6.23}$$

である. 確かに $U(x)$ が位置 x だけで決まるのでバネの弾性力は保存力である.

念のため, ポテンシャルエネルギーを微分すると,

$$-\frac{\mathrm{d}U}{\mathrm{d}x} = -\frac{\mathrm{d}}{\mathrm{d}x}\left(\frac{1}{2}kx^2\right) = -kx \tag{6.24}$$

となるので, 当然ながら式 (6.22) が出てくる.

6.3 力学的エネルギー保存則

これまでの話をまとめると, エネルギー保存則という非常に有用な結論を導くことができる. 考え方として重要なだけでなく, エネルギー保存則を用いれば, 面倒くさい運動方程式を解くという作業を大幅にサボることができる場合がある.

一般的に, ある物体に働く力は,

$$\boldsymbol{F} = \boldsymbol{F}_{\mathrm{c}} + \boldsymbol{F}_{\mathrm{uc}} + \boldsymbol{F}_{\mathrm{b}} \tag{6.25}$$

と書ける. ここで, $\boldsymbol{F}_{\mathrm{uc}}$ は非保存力, $\boldsymbol{F}_{\mathrm{b}}$ は束縛力である.

保存力と非保存力は, 物体の運動状態を変化させ, それによって仕事をすることができる力である. 非保存力には, 保存力の条件を満たさない, かつ, 仕事をする力が全て含まれる. これまで出てきた例では, 摩擦力がそれに当たる. 一方, 束縛力とは, 仕事をしない力で, 注目する系の設定に関する力である. 例えば, 物体が床にめり込まないためには垂直抗力が必要であり, 垂直抗力は束縛力である. 束縛力は物体の運動状態を普通は変化させないので, 仕事をしないと考えてよい.

この節では，仕事に関係する力だけを考える．さらに $\boldsymbol{F}_{\mathrm{uc}}$ がないとき，物体が $\boldsymbol{r}_{\mathrm{A}}$ から $\boldsymbol{r}_{\mathrm{B}}$ まで移動するときの仕事に注目すると，式 (6.9), (6.14) から，

$$\frac{1}{2}mv_{\mathrm{B}}^2 - \frac{1}{2}mv_{\mathrm{A}}^2 = W_{\mathrm{A}\to\mathrm{B}} = U(\boldsymbol{r}_{\mathrm{A}}) - U(\boldsymbol{r}_{\mathrm{B}}) \qquad (6.26)$$

となる．非保存力がない場合に $W_{\mathrm{A}\to\mathrm{B}}$ はなんらかの定数と見てもいいので，一旦 $\boldsymbol{r}_{\mathrm{A}}$ と $\boldsymbol{r}_{\mathrm{B}}$ を決めてしまえば，

$$\frac{1}{2}mv_{\mathrm{B}}^2 + U(\boldsymbol{r}_{\mathrm{B}}) = \frac{1}{2}mv_{\mathrm{A}}^2 + U(\boldsymbol{r}_{\mathrm{A}}) = \mathrm{const.} \qquad (6.27)$$

と書き直すことができる．

式 (6.27) は非常に重要な意味をもつ．物体のもつ運動エネルギーとポテンシャルエネルギーの和を力学的エネルギー E と定義しよう．

$$E \equiv K + U. \qquad (6.28)$$

力学的エネルギーを考えると，式 (6.27) は，**"点 $\boldsymbol{r}_{\mathrm{B}}$ での力学的エネルギーと，点 $\boldsymbol{r}_{\mathrm{A}}$ での力学的エネルギーが同じで，それぞれがある定数に等しい"** という意味になる．

式 (6.27) の最右辺は定数であるので，時間で微分すると 0 となる．つまり，

$$\frac{\mathrm{d}}{\mathrm{d}t}E = 0 \qquad (6.29)$$

であるから，保存力のみで物体が運動しているときには，力学的エネルギーは時間に依らない．つまり，**"力学的エネルギーが保存される"** ということだ．これが $\boldsymbol{F}_{\mathrm{c}}$ が保存力と言われる所以である．注意しないといけないのは，運動エネルギーとポテンシャルエネルギーそれぞれは，時間や場所によって異なるということだ．しかし，それらを足し算したトータルの力学的エネルギーは，いつでも一定となる．これまでの導出過程において，保存力のみで物体が運動するという以外に特別な条件は何もなかった．例えば $\boldsymbol{r}_{\mathrm{A}}, \boldsymbol{r}_{\mathrm{B}}$ がどこであっても構わない．一般的な結論で，法則と言ってもよい．これを知っていると，いくつかの問題でわざわざ運動方程式を解くことなく，現象が理解できるようになる．

例題 6-2 図 6.7 のように，高さ 5 m の丘の上に止まっている自転車に乗り，ペダルをこがずに坂を下る．平地まで下ったときの速さを求めてみよう．

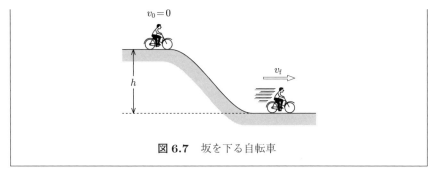

図 6.7 坂を下る自転車

簡単のため，摩擦を無視すると，運動に関係するのは重力と束縛力 (仕事しない) だけである．エネルギー保存則が成り立つので，平地からの高さを h とすると，

$$E = \frac{1}{2}mv^2 + mgh = \text{const.} \tag{6.30}$$

である．

下り始める前に自転車は止まっているので，

$$E = 0 + mgh \tag{6.31}$$

下った後は高さが 0 である．そのときの速さを v_f とすると，

$$E = \frac{1}{2}mv_\mathrm{f}^2 \tag{6.32}$$

である．これらが等しいというのがエネルギー保存則の教えてくれるところなので，

$$\frac{1}{2}mv_\mathrm{f}^2 = mgh$$
$$\therefore v_\mathrm{f} = \sqrt{2gh} = \sqrt{2 \times 9.8 \times 5} = 9.9\,\mathrm{m/s} \tag{6.33}$$

となる．

この結果より，h が大きければ大きいほど下りたときにスピードが出る．日常の経験とも合致する結果が得られた．

この問題は，運動方程式を立てて，自転車の動きを時々刻々明らかにした上で平地での速さを求めることも，もちろん可能だ．ただし，その場合には斜面の角度などの情報が必要になってくる．一方で，エネルギー保存則を使えば，始点と終点の情報だけ知っていればよく，途中の坂がどんなだったかは結果に

効いてこないので，大幅に計算をサボることができる．そして当然だが，苦労して運動方程式を解いたときと同じ答えが得られる．なんと楽チンなのだろう．保存力のみの運動だと考えることができるかどうかの判断が必要だが，このサボり方は絶対に覚えておくべきだろう．

> **例題 6-3**　質量 m のロケットを衛星軌道よりも遠く (無限遠) へ飛ばすためには，地表でどのくらいの速度が必要になるか計算してみよう．

　図 6.8 のような状況を考えればよい．ロケットには地球からの重力しかかかっていないとする．ロケットのポテンシャルエネルギーは，地球の中心からの距離を $R\,(> R_{\mathrm{E}})$ とすると，無限遠をエネルギー 0 の基準としてそこから R までロケットを運んできた仕事に相当するので，

$$U(R) = -\int_{\infty}^{R} -G\frac{M_{\mathrm{E}}m}{R^2}\,\mathrm{d}R = -G\frac{M_{\mathrm{E}}m}{R} \tag{6.34}$$

となる．地表でのポテンシャルエネルギーは，

$$U(R_{\mathrm{E}}) = -G\frac{M_{\mathrm{E}}m}{R_{\mathrm{E}}} = -mgR_{\mathrm{E}} \tag{6.35}$$

である．

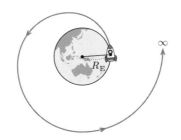

図 6.8　無限遠に飛んでいくロケット

　一方，無限遠までロケットが飛んでいったときのポテンシャルエネルギーは，式 (6.34) から，

$$U(\infty) = 0 \tag{6.36}$$

である．

ポテンシャルエネルギーを図 6.9 に示した. $1/R$ に比例して, R が大きくなると 0 に近くなっていく関数である. つまり, 地球から遠くなればなるほど重力の影響がなくなっていくということだ. なんとなく正しそうだ[*8].

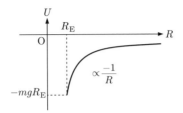

図 6.9 地球からの重力によるポテンシャルエネルギー

さて, このようなポテンシャルの状況の下, 速さ v でロケットを打ち出す. 地球の重力の影響がなくなったときに, 少しでも進む速さがあれば, 後はどこまででも進んでいくことができる. 地表での力学的エネルギーが保存することを用いると,

$$E = \frac{1}{2}mv^2 - mgR_{\mathrm{E}} = \frac{1}{2}mv_\infty^2 + 0 \geqq 0 \tag{6.37}$$

を満たせばよい. 条件を満たす最小の速さは,

$$v = \sqrt{2gR_{\mathrm{E}}} = \sqrt{2 \times 9.8 \times (6.37 \times 10^6)} = 11.2\,\mathrm{km/s} \tag{6.38}$$

となる. この v を脱出速度という.

つまり, 第 3 章で計算した衛生軌道に人工衛星を飛ばすときの速度である式 (3.12) と比べて $\sqrt{2}$ 倍 $\simeq 140\,\%$ で加速しないと地球の重力圏は脱出できない. これはかなりサボった状況で計算した値なので, 実際には空気抵抗などの影響を考えると, もっと加速する必要がある. ロケットを打ち上げるとき, 2 段ロケットにして本命は空気抵抗が小さくなったところから打ち出すのは, このためである.

▌単振動での力学的エネルギー保存則▐

$F = -kx$ によって振幅 A で振動する物体は,

$$x(t) = A\cos(\omega t + \theta_0), \tag{6.39}$$

[*8] 正確には 0 はどこを基準にとるかによるので, ポテンシャルの微分が 0 になるときが, 重力の影響がなくなるときである.

$$v(t) = -\omega A \sin(\omega t + \theta_0) \tag{6.40}$$

で運動するのだった．この系の力学的エネルギーを見てみよう．

$$
\begin{aligned}
E = K + U &= \frac{1}{2}mv^2 + \frac{1}{2}kx^2 \\
&= \frac{1}{2}m\omega^2 A^2 \sin^2(\omega t + \theta_0) + \frac{1}{2}kA^2 \cos^2(\omega t + \theta_0) \\
&= \frac{1}{2}kA^2(\sin^2(\omega t + \theta_0) + \cos^2(\omega t + \theta_0)) = \frac{1}{2}kA^2 \tag{6.41}
\end{aligned}
$$

となる．ここで，$\omega = \sqrt{k/m}$ の関係を用いた．確かに一定の値となり，力学的エネルギーが保存されている．

　式 (6.41) の意味をよく考えてみよう．図 6.10 にポテンシャルエネルギーと位置の関係を示した．$x = -A, A$ の位置では，物体がまさに折り返ししようとしている瞬間であり，速度は 0 のはずである．つまり運動エネルギーは $K = 0$ である．そのとき，バネは最も縮んでいる状態か最も伸びている状態かであるため，ポテンシャルエネルギーは最大の $U = \frac{1}{2}kA^2$ である．一方，$x = 0$ の瞬間は最も物体が速く動く瞬間で，$K = \frac{1}{2}m\omega^2 A^2 = \frac{1}{2}kA^2$ である．そのとき，バネは自然長なので $U = 0$ である．これら中間の位置では，運動エネルギーが減った分だけちょうどバネのポテンシャルエネルギーが増えるということが起きる．結局どの位置においても，力学的エネルギー $E = K + U$ はいつも同じ値になっている．

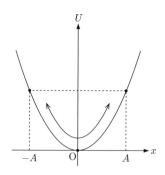

図 6.10　単振動のポテンシャルエネルギー

6.4 非保存力があるとき

　いままでは，式 (6.25) 中にある，非保存力の存在は無視していた．しかし，現実にはバネの振動は放っておけばいつかは平衡位置で止まってしまう．これは，例えば床と物体の間に働く摩擦力 (非保存力) によってブレーキがかかっているからである．非保存力がある場合には，エネルギー保存則が成り立たずに，エネルギーが減ってしまったということだろうか？　物体の動きだけに注目しているとそのように見えるのも当然であるが，実はこの現象でエネルギー保存則が成り立っていないということではない．"力学的エネルギー保存則が成り立っていない" のだ．寒いときに両手をこすり合せると，こすった手のひらが暖かくなることは経験したことがあるだろう．これは両手のひら間の摩擦力によって，こすり合せるという力学的エネルギーが熱エネルギーに変わったのである．これと同じことが上の振動子のときにも起きている．すなわち，物体が摩擦力によって減速する際には，床と物体の間に熱エネルギーが発生している．その分，振動の力学的エネルギーが減ったのである．つまり，力学的エネルギーだけでなく，熱，電磁気，化学, ..., といったあらゆるエネルギー形態を考慮に入れれば，エネルギー保存則は必ず成り立っている！　これまで (そしておそらくこれからも) エネルギー保存則がやぶれているような現象は見つかっていない．見かけ上，エネルギー保存則を満たさないような現象があったとしても，それは考慮していなかった何かがそこにあったと考えるのが普通である．エネルギー保存則は，力学の適用範囲とは無関係に絶対的に正しいと考えてよい．

　例えば，原子核や陽子のようなミクロな粒子同士の相互作用を調べていて，エネルギー保存則が満たされていないような実験結果が得られたとしよう．そのような場合には，我々はまだ見つかっていない素粒子の存在を仮定するのである．その結果，実際に新しい素粒子の発見がなされたという例がたくさん存在している．

章末問題

6.1　質量 $m = 70\,\mathrm{kg}$ の陸上選手 A くんが，$100\,\mathrm{m}$ を $10\,\mathrm{s}$ で走るときの運動エネルギーの平均値を求めなさい．

6.2　質量 $m = 50\,\mathrm{kg}$ の B さんが，高層ビルの階段をのぼって 1 階から 4 階まで (高低差 $10\,\mathrm{m}$ とする) 上がると，位置エネルギーはどれだけ高くなるか求めなさい．ただし，重力加速度を $g = 9.8\,\mathrm{m/s^2}$ とする．

6.3　前問の B さんはおやつに $350\,\mathrm{kcal}$ のケーキを食べた．その分を運動で消費する場合，高層ビルの 1 階から何階までのぼる必要があるか求めなさい．ただし，4 階分のぼるごとの高低差を $10\,\mathrm{m}$ とし，$1\,\mathrm{cal} = 4.2\,\mathrm{J}$ とする．

6.4　高さ $32\,\mathrm{m}$ のビルの屋上から，大きさの無視できる質量 $4.0\,\mathrm{kg}$ の物体をそっと落とす．ただし，重力加速度の大きさは $g = 10.0\,\mathrm{m/s^2}$ とする．

(1)　落とす前の，地面を基準とする物体のポテンシャルエネルギーを求めなさい．

(2)　地面に到達する直前の物体の速さを求めなさい．ただし，$\sqrt{10} = 3.2$ とする．

6.5　地球と同じ質量を持つブラックホールの最大半径を求めなさい．(ヒント：脱出速度が光速 $c = 3.0 \times 10^8\,\mathrm{m/s}$ を超える半径を見積もる．)

7

回転運動の法則
回るときも同じようにサボれる

これまでは，注目する物体を質点とみなし，その直進運動の運動方程式を解いてきた．突然そう言われても，何が直進運動だったのかがわかりづらいかもしれない．例えば放物運動は，鉛直方向と水平方向という2つの直進運動に分解し，それぞれに対して運動方程式，

$$F = m\frac{\mathrm{d}^2 x}{\mathrm{d}t^2} = m\frac{\mathrm{d}v}{\mathrm{d}t} = \frac{\mathrm{d}p}{\mathrm{d}t} \tag{7.1}$$

を解いた．物体の軌道は直進するわけではないけれども，結局は直進運動に注目していたのである．

日常では物体が回転する運動も多く存在している．注目する物体が質点のみの場合は，回転運動を無理矢理ある成分に分解することで直進運動の合成と見ることも可能ではあるが，回転運動は回転運動として扱ったほうが便利なこともたくさんある．本章では回転運動の取り扱い方を学ぶ．

7.1 質点の回転運動

身の回りで，物体が回転する運動はたくさんある．乗り物のタイヤ，モーターについたプロペラなど日常的なものに始まり，地球そのものの自転や公転も回転運動の例である．これらの回転運動は，式 (7.1) ではなく，回転運動のために整備された運動方程式を解くほうが，どのような現象かを理解しやすい．

直進運動と回転運動それぞれの運動方程式には，形式的に似たところが多くある．その辺を意識できていると，上手にサボれることが多い．先に結論を表7.1にまとめておく．

表 7.1　直進運動と回転運動の関係

運動	原因	特徴づける量	支配する方程式
直進	力 $\boldsymbol{F}$	運動量 $\boldsymbol{p}$	$\dfrac{\mathrm{d}\boldsymbol{p}}{\mathrm{d}t} = \boldsymbol{F}$
回転	力のモーメント $\boldsymbol{N}$	角運動量 $\boldsymbol{L}$	$\dfrac{\mathrm{d}\boldsymbol{L}}{\mathrm{d}t} = \boldsymbol{N}$

7.1.1　力のモーメントとベクトルの外積

　表 7.1 中に出てくる力のモーメントの定義をしておこう．力に限らず，ある量のモーメントとは，"ある点から任意の点までの位置ベクトルと，位置ベクトルの点におけるベクトル量との外積[1]" として定義される．言葉ではわかりづらいので図 7.1 を見てみよう．原点 O からのベクトル $\boldsymbol{r}$ を考える．位置 $\boldsymbol{r}$ (ベクトル $\boldsymbol{r}$ の先端) に，別のベクトル量 $\boldsymbol{a}$ があったとき，$\boldsymbol{a}$ のモーメントは，

$$M \equiv ar\sin\theta$$

$$\boldsymbol{M} \equiv \boldsymbol{r} \times \boldsymbol{a} \tag{7.2}$$

で定義される．ここで第 1 式は成分表示，第 2 式はベクトル表示である．

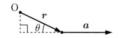

図 7.1　ベクトルのモーメント

　力のモーメントの場合，原点 O は回転の中心 (つまり多くの場合は回転軸のどこか) にとると便利だ．しかし，それはテクニックとしての話である．O をどこにとるかは自由に選んでよい．いったん O を決めた場合，定義から O 周りの力のモーメントは，"O から力の作用線までの距離 × 力" と書くこともできる．作用線とは，力のベクトルを含む直線のことである．本来 3 次元ベクトルであるが，簡単のために 2 次元で考えると，図 7.2 のようになる．式で書くと，

$$N = Fr\sin\theta \tag{7.3}$$

$$= xF_y - yF_x \tag{7.4}$$

---

[1] ベクトル積という場合がある．掛け算の結果がベクトルになるからである．一方で，掛け算の結果がスカラーである内積はスカラー積という場合がある．

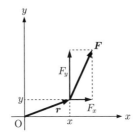

図 7.2 力のモーメント

となる．ベクトル表記では，

$$N = r \times F \tag{7.5}$$

である．外積であるから，r と F の順番を間違えてはいけない[*2]．

式 (7.5) を成分で書くと，

$$N = (yF_z - zF_y, zF_x - xF_z, xF_y - yF_x) \tag{7.6}$$

である．つまり，式 (7.4) は，xy 平面 (2 次元) の話だったから，$z = 0, F_z = 0$ の場合である．外積の定義から，xy 平面内の 2 つのベクトルのモーメントは，以下のように本当は z 成分のことを考えていることになる．

$$N = (N_x, N_y, N_z) = (0, 0, xF_y - yF_x) \tag{7.7}$$

ベクトル量同士の外積であるため，モーメントもベクトルである．大きさとは別に向きのある量となる．回転運動では，多くの問題で考える面を適当にとることによって 2 次元の問題とすることができる．その際，約束事として，モーメントの大きさを左回りが正，右回りが負，となるように定義する．つまり，考えている面と紙面を同一面と考え，モーメントは紙面に対して手前側が正になるようにとるとする．そうすると，図 7.3 から，

$$左回り : xF_y > yF_x \to N_z > 0$$

$$右回り : xF_y < yF_x \to N_z < 0 \tag{7.8}$$

のように，紙面の中で左回りの場合にモーメントが正になる約束したことになる．

[*2] 外積に慣れていないひとは付録 A.1 を参照すること．

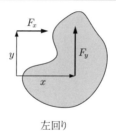

左回り

図 7.3　回転の方向

　これはただの約束なので，別にこれに従う必要はない．"右回りを正にしたいんだ"という考え方もあるだろう．が，長いものにはある程度巻かれたほうが便利なことが多いだろう[*3]．

7.1.2　角運動量

　表 7.1 に出てくる量でもう 1 つの新しい量は角運動量である．角運動量は，運動量のモーメントと言える．力のモーメントの力の部分を運動量と入れ替えて考えればよい．

　式で書くと，

$$L \equiv mvr\sin\theta$$
$$= m(xv_y - yv_x) \tag{7.9}$$

となる．ベクトル表記では，

$$\boldsymbol{L} = \boldsymbol{r} \times \boldsymbol{p} \tag{7.10}$$

である．

例 7.1　角運動量を，最も簡単な等速円運動で確認しておこう (図 7.4)．第 2 章でやったように，円運動の加速度は中心方向，つまり中心力による運動であった．まず運動量は，

$$r(t) = r\theta(t), \quad v = \frac{\mathrm{d}r}{\mathrm{d}t} = r\frac{\mathrm{d}\theta}{\mathrm{d}t} = r\omega \tag{7.11}$$

[*3] "郷に入らば郷に従え"である．が，なんでもかんでもみんなの言う通りにしていると痛い目を見ることも確かだ．自分でよく考えて納得してから受け入れる訓練をしておこう．

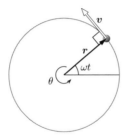

図 7.4 等速円運動

を用いて,

$$p = mv = mr\omega \tag{7.12}$$

である. 角運動量は,

$$L = rp\sin\left(\frac{\pi}{2}\right) = r \cdot mr\omega = mr^2\omega \tag{7.13}$$

となる.

7.2 回転運動の法則

準備ができたので, 回転運動の法則を出してみよう. 式 (7.9) の両辺を t で微分してみると,

$$\frac{\mathrm{d}L}{\mathrm{d}t} = m\frac{\mathrm{d}}{\mathrm{d}t}(xv_y - yv_x) = m\left(v_xv_y + x\frac{\mathrm{d}v_y}{\mathrm{d}t} - v_yv_x - y\frac{\mathrm{d}v_x}{\mathrm{d}t}\right)$$

$$= m(xa_y - ya_x) = xma_y - yma_x = xF_y - yF_x = N \tag{7.14}$$

$$\therefore \frac{\mathrm{d}L}{\mathrm{d}t} = N \tag{7.15}$$

となる. ここで運動方程式, および式 (7.4) を用いた.

式 (7.15) が回転運動の法則である. 平面での運動について考えたのでスカラー表記になっているが, 本来は角運動量も力のモーメントもベクトルであることに注意しよう. 式 (7.15) は, "角運動量という回転運動を特徴づける量の時間微分が, 回転運動を起こす原因である力のモーメントに等しい" ということを意味している. これは, 第 6 章まででやってきた直進運動に関する, "運

動量の時間微分が力に等しい" という運動方程式と，数学的には同じ形になっている．ここで，角運動量や力のモーメントは，原点 O のとり方によって異なる量であったことが気になるかもしれないが，幸いなことに，式 (7.15) は原点をどこにとっても成り立つことがわかっている．

▌角運動量保存則▌

回転運動の法則から導かれる最も重要な結論は，ある状況では角運動量が保存するということである．

円運動を思い出してみると，中心力のモーメントは，

$$N = r \times F = 0 \tag{7.16}$$

$$\because r // F$$

である．これは中心力の意味を考えると明らかである．これを式 (7.15) と合わせると，

$$\frac{\mathrm{d}L}{\mathrm{d}t} = 0 \tag{7.17}$$

となる．すなわち，**"中心力だけの回転運動では，角運動量は保存される"** のだ．式 (7.17) を角運動量保存則という．これは基礎的にも応用的にも非常に重要な結論である．

ややこしい法則の名前を言われると混乱するかもしれないが，角運動量保存則も実は多くの読者には馴染みが深いものである．例えば，図 7.5 に示すよう

$$mrv = L = mr'v'$$

図 7.5 スケート選手のスピン

に, スピンしているフィギュアスケートの選手を想像してほしい. 左のように腕を伸ばして回っている状態から右のように腕を胸の前で折りたたんだとき, 何が起こるだろうか？　多くの人は思い出せると思うが, 腕をたたむと回転速度は上がるのだ. 逆に腕をたたんだ状態から伸ばすと, 回転は遅くなる. この技は, まさに角運動量保存則をスポーツに応用した代表例である. これも複雑に考え出すときりがない[*4]のでサボって腕の長さだけに注目しよう. 回転中の腕がすっぽぬけて飛んでいかないということは, 力学的に見れば, 腕が体幹部分に中心力によってとどめられていることを意味する. 腕にはそれ以外の力は働かないので (空気抵抗や重力も無視する), 中心力だけの運動であるから角運動量は保存する. 左図, 右図で腕の長さと回転の速さをそれぞれ r, r' および v, v' とすると, 角運動量を L を用いて,

$$mrv = L = mr'v' \tag{7.18}$$

と書ける. いま, $r > r'$ の状況を考えているので,

$$\therefore v' > v \tag{7.19}$$

となり, 確かに腕をたたんだほうが早く回転すると力学的に示すことができた.

　これに限らず身近な例を探すと力学がもっと面白くなると思うので, 普段から探してみるといいかもしれない[*5].

7.3　ケプラーの法則

　さて, 本章の最後に回転運動の法則から導かれる重要な結論であるケプラーの法則について紹介する. まずは準備として, 面積速度と楕円がどのようなものかを見る.

7.3.1　ケプラーの法則を味わう準備
▌面積速度▌

　まず角運動量保存則の別の表現を紹介しよう. 式 (7.17) の直後に示した角

[*4] このような問題をサボらずにうんとまじめに考えるのが, バイオメカニクスという分野である. 最近成功する選手が増えてきた4回転ジャンプは, バイオメカニクスの理論上では20年前から可能であることが予言されていた！

[*5] 機械的に回転しているものは大抵, 角運動量保存則のご利益を使っているものが多い.

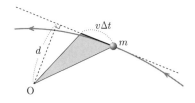

図 7.6　面積速度

運動量保存の法則は，**中心力だけの運動では，O に対する面積速度が一定にな
る**と言い替えることができる．ここに出てくる面積速度とは，O と注目する質
点を結ぶ線分が単位時間に掃く面積，と定義される．質点が中心力の原点 O に
対して図 7.6 のような軌道上を，速度 v で運動していることを考えよう．質点
が $v\Delta t$ 進む間に原点と質点を結ぶ線分が掃く面積 ΔS は，

$$\Delta S = \frac{1}{2}v\Delta t \cdot d \tag{7.20}$$

となる．求めたい面積速度は，

$$\frac{\Delta S}{\Delta t} = \frac{\mathrm{d}S}{\mathrm{d}t} = \frac{1}{2}vd \tag{7.21}$$

である．これを用いると，質点の角運動量は，

$$L = r \cdot p \sin\frac{\pi}{2} = mvd = 2m\frac{\mathrm{d}S}{\mathrm{d}t} \tag{7.22}$$

と書ける．これを時間で微分してみると，

$$\frac{\mathrm{d}L}{\mathrm{d}t} = \frac{\mathrm{d}}{\mathrm{d}t}\left(2m\frac{\mathrm{d}S}{\mathrm{d}t}\right) = 2m\frac{\mathrm{d}}{\mathrm{d}t}\left(\frac{\mathrm{d}S}{\mathrm{d}t}\right) = 0 \tag{7.23}$$

となる．最後の等号で，いま中心力のみの運動を考えているので，式 (7.17) を
用いた．

　つまり式 (7.17) が成立する場合には，面積速度 $\mathrm{d}S/\mathrm{d}t$ の時間微分も 0 にな
るということが示された．つまり，面積速度は一定になるということである．

▌楕円▌

　楕円について数学的なことを言い出すといろいろ面倒くさいので，必要な情
報だけ書いておこう．それほど突飛なものではないので仮に知らない言葉が出
てきたとしてもそれほど違和感なく受け入れられると思う．

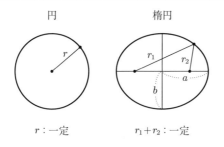

図 7.7 円と楕円の関係

楕円とは，図 7.7 のように，ある 2 点[*6]からの距離の和が一定となる点の集合で描かれる図形である．この定義からいうと，円は楕円の焦点 2 つが重なった図形だということがわかる．楕円の中心 (2 焦点の中点) から，最も遠い点までの距離 (a) を長半径，最も近い点までの距離を短半径 (b) と呼ぶ．これらを使って離心率を，

$$e \equiv \sqrt{1 - \frac{b^2}{a^2}} \tag{7.24}$$

で定義する．離心率は，その楕円が円をどれくらい傾けたときの影になっているかを表している．円の場合には離心率が 0 であることを確認しよう．e が大きければ大きいほどひしゃげた楕円になるということだ．

7.3.2 ケプラーの 3 法則 (ティコ・ブラーエのおかげ！)

いよいよケプラーの法則に移ろう．ケプラーは，16 世紀の人でガリレオとほぼ同じ時代を生きた科学者である．ケプラーは，お師匠であるティコ・ブラーエという大天文学者が生涯かけて精密に測定し続けた膨大な量の観測データを，遺産として受け取った[*7]．

当時は地球の周りを全ての星が回っているという天動説がまだまだ主流であった．ケプラー自身も天動説を主とした教育を受けていたと考えられる．しかし，ケプラーはお師匠の観測データを精査しているうちに，天動説よりはコペルニクスが唱えた地動説のほうが観測結果をよく説明できることに気がつい

[*6] 焦点という．
[*7] 諸説あります．

た. さらに解析を進め, 天体 (主に太陽系に属する惑星) の運動に関する法則を
導き出した.

── 第一法則 ────────────────────────────

　惑星の軌道は太陽を 1 つの焦点とする楕円である.

　ケプラーは, 地動説で考えたとしても, 惑星の軌道が太陽を中心とする円軌
道だと考えると, わずかに観測データと理論上の軌道にズレが生じる問題に気
がついた. そして, そのズレを説明するためには, 惑星の公転軌道が太陽を焦
点の 1 つとする楕円軌道だと考えれば解決できることを発見した. つまり, 公
転軌道を円だと仮定すると, ティコの観測データが予想される軌道と微妙にズ
レてしまうが, 楕円だと仮定すると, データと予想がぴったり一致するという
ことを見つけたということだ. 一口に楕円と言うが, 太陽系の惑星の公転軌道
は, 楕円と聞いておそらく多くの人が普通に想像するようないわゆる卵型では
なく, ほぼ真円である. 例えば, 現代的な精密観測で明らかになっている地球
の公転軌道の離心率は, 0.0167[*8] である. この微妙な違いを, 望遠鏡ができる
かどうかという技術レベルだった 400 年も前に, ケプラーは明らかにしていた
のだ. そして忘れてはいけないのは, ケプラーだけでなくティコの観測データ
の精度があってはじめてそれが可能になったということである. お師匠がいな
ければ, たとえ地動説を信じていたとしても, その軌道が楕円であることにケ
プラーは気がつけなかったかもしれない.

── 第二法則 ────────────────────────────

　惑星の (太陽周りの) 面積速度は一定である.

　ケプラーは, 第一法則を見出したのち, 楕円になっている軌道と焦点である
太陽との関係を詳細に調べ, 惑星の面積速度が一定であることに気がついた.
つまり, 惑星は太陽から受ける中心力で運動していることを明らかにした. も
ちろん, 当時はまだ力学が体系づけられていなかったので, ケプラーは第二法

─────────────────────────────────────
[*8] これは真円をわずか 1° 傾けたときにできる影に相当する.

則がもつ重要な意味 (角運動量保存則) にまでは到達していなかったと予想されるが，とにかく面積速度が一定であることは，観測データから知っていたのである．

第三法則

惑星の公転周期の 2 乗と軌道の長半径の 3 乗は比例する．

さらなる解析を進め，ケプラーはこの第三法則も見つけた．簡単のために本当は楕円軌道のところをサボって円軌道だと思って見てみよう．太陽を中心に地球が半径 r の等速円運動をしているとすると，その運動方程式は，

$$mr\omega^2 = \frac{GMm}{r^2} \tag{7.25}$$

となる．ここで，m, M はそれぞれ地球，太陽の質量，G は万有引力定数である．第 5 章でやったように，公転周期が T のとき $\omega = 2\pi/T$ であるからそれを代入すると，

$$mr\frac{4\pi^2}{T^2} = \frac{GMm}{r^2} \rightarrow$$
$$\frac{r^3}{T^2} = \frac{GM}{4\pi^2} = \text{const.} \tag{7.26}$$

となる．式 (7.26) の右辺は，分母はただの数値，分子は物理定数と太陽の質量なので不変と考えてよい[*9]．つまり少なくとも円軌道の場合には，軌道半径の3 乗と公転周期の 2 乗は比例することが示せた．数学的に少し複雑になるが，楕円軌道のときも同じ結果が示せることがわかっている．これらの法則は，地球だけでなく他の太陽系の惑星，太陽系だけでなく他の惑星系でも成り立つ一般性の高い法則である．

ケプラーの法則は，これまで本書で学んできたニュートン力学が出来上がる前に，発見されたものである．お師匠から引き継いだ精密な観測データから導き出されたのである．今日では，ケプラーの 3 法則は運動方程式と万有引力の

[*9] 厳密に言うと太陽の質量は，内部で核融合することによって割合としてはほんのちょっぴりずつ (たった $4.3 \times 10^7 \, \text{kg/s}$!!?) 減っていることがわかっている．その代わりに発生するエネルギーの恩恵を受けて，地球上の生物は生きていくことができる．しかし，少なくとも我々の人生程度の時間スケールに比べると，その減り方は無視しても全く問題ないので，ここでは当然サボろう．

法則を用いて，正しかったことが数学的にも示されている．改めてケプラーや
ティコのすごさがわかる．特にティコ・ブラーエはサボることなく精密な観測
を何十年も続けたのである．その知的探究心は驚嘆に値する．

休憩室　師匠と弟子

　チェコの首都プラハにあるストラホフ寺院近くのケプラー中学校前に，
ヨハネス・ケプラーとティコ・ブラーエの銅像がある．一見仲が良さそう
に見える銅像だ．ケプラーは，プラハで活動していた天文観測の権威であ
るティコ・ブラーエに弟子入りした．ケプラーがお師匠のおかげで大法則
の発見に至ったことは事実だが，お師匠との関係そのものは銅像ほど良好
ではなかったらしい．むしろいじめられるような形で，その当時最もデー
タが汚く見えた[*10] 火星の軌道解析を任されたようだ．しかし，一見汚く見
えたデータはなんと楕円軌道の離心率が大きいことの現れだったのだ．そ
れがためにケプラーは楕円軌道という発想に至ったのだから，歴史の配剤
とは非常に面白い．

　一般的には，誰もが研究の真似事を始めるときには，その研究を進める
流派のお師匠に弟子入りすることになる．今風に言えば，指導教官の研究
室に配属される．ティコ・ブラーエとケプラーのような関係になってしま
うこともあるのだろうが，その結果が大発見につながるケースはほとんど
ないだろう．結果が大成功につながると保証されているのならばいじめら
れても我慢のしがいもあるが，そんなことは滅多にない．どうしてもその
流派を極めたいなどの強烈な意志がない限り，お師匠と人間的にどうして
も合わない場合は，無理せず別の流派に鞍替えしたほうが**互いに**不幸にな
らずにいいだろう．

　普通は，お師匠は弟子にいろいろ教えてくれる．お師匠が長年かけて編
み出してきたノウハウのようなものも教えてくれる．つまり，科学の世界
では，弟子はお師匠が苦労して到達したその先から研究をスタートさせる
ことができるということだ．当然お師匠よりもいい仕事ができるはずであ

[*10] この文脈での汚いは，理論からはずれているように見えるという意味だ．

る．はずである．はずである…．とか言っているうちに，お師匠に弟子入りした当時のお師匠の年齢に自分がどんどん近づいていることに気づいて悲しくなるのは私だけではないと信じたい．

章末問題

7.1 半径 R の円軌道を等速 v で運動している質量 m の物体がある.

(1) この物体の運動エネルギー，角速度，角運動量，および中心力を求めなさい.

(2) 中心力が徐々に弱くなり，回転半径が $2R$ になった. このときの物体の運動エネルギー，角速度，角運動量，および中心力を求めなさい.

7.2 地球の公転軌道の平均半径は約 1.50×10^{11} m である. 金星，海王星の平均公転半径がそれぞれ 1.08×10^{11} m, 4.50×10^{12} m であるとき，金星，海王星の公転周期をそれぞれ求めなさい.

7.3 長さ L, 質量 m の振り子を考える (図 5.3).

(1) ひもが天井で止められている点を中心とした角運動量を求めなさい.

(2) 重りにかかる力のモーメントを求めなさい.

(3) 振り子の運動方程式を導きなさい.

7.4 ブランコの立ち漕ぎを考える. 図のように，座っているときと立っているときの重心までの距離をそれぞれ $l, l - d$ とモデル化する. 振幅を大きくしたい場合には，$\theta \to 0$ に向かう方向に進むとき，(a) 座るべきか，(b) 立つべきかを考えなさい.

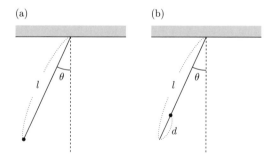

8

質点系の運動
サボり方の大胆さ

8.1 重心

これまで，対象となる物体を "質量はあるけど大きさはない" という非常に大胆なサボり方をすることで質点とみなした．その質点に対して，

$$\frac{\mathrm{d}\boldsymbol{p}}{\mathrm{d}t} = \boldsymbol{F} \tag{8.1}$$

という直進運動に対する運動方程式と，

$$\frac{\mathrm{d}\boldsymbol{L}}{\mathrm{d}t} = \boldsymbol{N} \tag{8.2}$$

という回転運動に対する運動方程式を解けば，物体の運動が予言できるということを学んだ．しかし，実際問題として，注目している物体に大きさがあることが気になる人も多いだろう．その不安を取り除くためにも，質点として見るというサボり方がどの程度許されるかを考えておくことは重要だ．**1 度対象の物体を質点と見てしまえば，後はその重心に注目していればよい** ことを本章で学ぶ．

図 8.1 に示すように，物体の大きさにはある程度 (ここでは $1000 = 10^3$ 倍ずつで考えよう) の階層構造がある．中央に示した人の大きさを 1 m 程度とすると，ひとつ大きいスケールには，だいたい $1\,\mathrm{km} = 10^3\,\mathrm{m}$ 弱，例えばスカイツリーのような建築物がある．もうひとつ大きいオーダー，$1\,\mathrm{Mm} = 10^6\,\mathrm{m}$ は，だいたい日本列島くらいになる．さらに大きくして，$1\,\mathrm{Gm} = 10^9\,\mathrm{m}$ は，太陽くらいである．さらに太陽系... と，どんどん大きな構造があることは想像しやすい．

次に，小さいほうを見てみよう．人よりもひとつ小さなオーダー，$1\,\mathrm{mm} =$

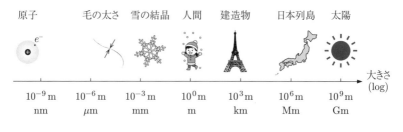

図 8.1 さまざまな物体の大きさ

10^{-3} m は，だいたい鼻くそくらいの大きさだと思えばいいだろう．さらに小さい $1\,\mu$m $= 10^{-6}$ m は，髪の毛の太さくらいだ．もうひとつ小さくなると，もはや原子数個の大きさ $1\,$nm $= 10^{-9}$ m になってしまう．小さいほうもさらに原子核... とより小さな構造もどんどん階層を下げていくことができる．現状では，クォークなどの素粒子が最も小さな階層である[*1].

さて，例えば，スカイツリーの展望台から地上にいる人の指についている鼻くそはその形状を無視して質点と思っても何も問題ないだろうし，太陽の大きさと比べれば日本列島の形状など気にする必要はないだろう．このような階層構造を考えると，より大きな構造から見ればあらゆるものを質点と見てよい．

もちろん，何度も注意しているように，重心に注目して質点と見てよいのは，それで実験結果や観測結果がうまく説明できるときのみである．期待している精度が出ない場合は，質点とみなすのはサボりすぎということなので，もうちょっと真剣に考えないといけない．

まず，2 章で軽く触れた重心をちゃんと定義しておこう．質量 m_1, m_2 という 2 つの物体が原点 O からの位置 r_1, r_2 にあるとき，それらの重心 G は，図 8.2 の R の場所で定義される．式で書くと，

$$R = \frac{m_1 r_1 + m_2 r_2}{m_1 + m_2} \tag{8.3}$$

である．この意味は小学生のころ習った天秤を思い出してもらえれば簡単に理

[*1] 現状と一応書いたが，見つかっている素粒子に対してさらなる内部構造を見つけるには莫大なエネルギーが必要になる．現実的に建設しうる粒子加速器の性能を考えると，我々が死ぬまでにこれ以上小さな構造が見つかる可能性はおそらく小さい．

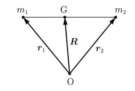

図 8.2 重心

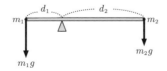

図 8.3 天秤

解できると思う. 式 (8.3) を変形すると,

$$m_1(\boldsymbol{R} - \boldsymbol{r}_1) = m_2(\boldsymbol{r}_2 - \boldsymbol{R}) \tag{8.4}$$

となる. これは, "図 8.3 のように支点から d_1 の長さに m_1, d_2 の長さに m_2 の重りが乗っている天秤がつり合いますよ. そしてその支点が重りを含めた天秤の重心ですよ" という関係を, 3 次元ベクトルを用いて書いただけだ.

一般に, 物体が多数存在する場合の重心は,

$$\boldsymbol{R} \equiv \frac{\sum_i m_i \boldsymbol{r}_i}{\sum_i m_i} = \frac{m_1 \boldsymbol{r}_1 + m_2 \boldsymbol{r}_2 + \cdots}{m_1 + m_2 + \cdots} \tag{8.5}$$

で定義される. これから議論するように, 多粒子の場合や, 大きさのある系の場合にはこの重心に注目すればよいことが示される.

8.2 質点系の運動

▌重心の運動方程式 ▌

これまで考えていた質点が 1 つだけの問題ではなく, 本章では複数の質点に同時に注目する. このような対象を質点系という. 言葉は気にしなくていいが, とにかく質点がたくさんある場合を考えようということだ. 重心の定義を学んで準備が整ったので, まず一番簡単な 2 体問題を考えてみよう. 図 8.4 の

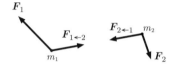

図 8.4 2 体問題

ように，質量 m_1, m_2 の物体がそれぞれ $\boldsymbol{F}_1, \boldsymbol{F}_2$ の力を受けて運動しているとする．互いにバラバラに動いているだけではいままでと同じでつまらないから，物体間の相互作用を考える．m_1 は m_2 から $\boldsymbol{F}_{1\leftarrow 2}$ の力がかかっており，m_2 には m_1 から $\boldsymbol{F}_{2\leftarrow 1}$ の力がかかっているとしよう．それぞれの運動方程式は，

$$m_1 \frac{\mathrm{d}^2 \boldsymbol{r}_1}{\mathrm{d}t^2} = \boldsymbol{F}_1 + \boldsymbol{F}_{1\leftarrow 2} \tag{8.6}$$

$$m_2 \frac{\mathrm{d}^2 \boldsymbol{r}_2}{\mathrm{d}t^2} = \boldsymbol{F}_2 + \boldsymbol{F}_{2\leftarrow 1} \tag{8.7}$$

であるから，両式を足し算すると，

$$\frac{\mathrm{d}^2}{\mathrm{d}t^2}(m_1 \boldsymbol{r}_1 + m_2 \boldsymbol{r}_2) = \boldsymbol{F}_1 + \boldsymbol{F}_2 = \boldsymbol{F} \tag{8.8}$$

となる．ここで，$\boldsymbol{F}$ は系に対する外力の和である．左辺を系の全質量 $M(= m_1 + m_2)$ を使って書き換えると，

$$M \frac{\mathrm{d}^2}{\mathrm{d}t^2} \frac{(m_1 \boldsymbol{r}_1 + m_2 \boldsymbol{r}_2)}{M} = \boldsymbol{F}$$

$$M \frac{\mathrm{d}^2}{\mathrm{d}t^2} \boldsymbol{R} = \boldsymbol{F} \tag{8.9}$$

となる．$\boldsymbol{R}$ は先ほど定義した重心の位置，式 (8.5) であるから，この式を重心の運動方程式と呼ぶ．

　式 (8.9) を見るとすぐ気がつくように，形がいままで学んできた質点の運動方程式を全く同じ形になっている．これはどういう意味だろうか？　いま，2 つの質点に対する運動方程式を考え，それらを変形していったら全質量と重心の位置に対する運動方程式になったという状況である．ということは，2 つの物体それぞれの細かい運動が無視できるくらい遠くから見て両方合わせて点だと見れば，その 2 つをまとめて 1 つの質点だと思ってよいということだ．そしてそのまとめて 1 つと見た質点が従う運動方程式が，いままで見慣れてきた運

動方程式と数学的に同じ形になっていることがわかった. ここでは 2 つの場合を詳しく見たが, 物体の数が増えても同じことが示せる. つまり, **遠くから見て質点だと思ってしまえば, 後はその重心に注目すれば前章までやってきたことがそのまま成立する**ということだ. 質点という概念の便利さが改めて確認できた.

▌全運動量▐

質点系をまとめて 1 つの質点と見れることがわかったので, 前章までと同じ議論をするために, 質点系の全運動量 $\boldsymbol{P}$ をちゃんと考えておくと便利だろう.

$$\boldsymbol{P} \equiv \sum_i m_i \boldsymbol{v}_i = m_1 \boldsymbol{v}_1 + m_2 \boldsymbol{v}_2 + \cdots \tag{8.10}$$

とする. 各質点の運動量を全部足し合わせる. そのままの定義だ.

全質量と, 重心の位置を表す式 (8.5) の積, $M\boldsymbol{R} = \displaystyle\sum_i m_i \boldsymbol{r}_i$ を時間微分してみると, 質点の場合との関係がよくわかる. 全質量は時間に依らないとして,

$$M\frac{\mathrm{d}\boldsymbol{R}}{\mathrm{d}t} = \sum_i m_i \frac{\mathrm{d}\boldsymbol{r}_i}{\mathrm{d}t} = \sum_i m_i \boldsymbol{v}_i = \boldsymbol{P}$$

$$\therefore M\boldsymbol{V} = \boldsymbol{P} \tag{8.11}$$

である. ここで重心の速度 $\boldsymbol{V}$ を,

$$\boldsymbol{V} \equiv \frac{\mathrm{d}\boldsymbol{R}}{\mathrm{d}t} \tag{8.12}$$

で定義した.

式 (8.11) から全運動量も, 運動方程式のときと同様に, 全質量と重心の速度によって質点 1 つの場合の式 (4.10) と同型になることが確認できた.

式 (8.11) は, もう一度時間で微分してみると,

$$M\frac{\mathrm{d}^2 \boldsymbol{R}}{\mathrm{d}t^2} = \frac{\mathrm{d}\boldsymbol{P}}{\mathrm{d}t} \tag{8.13}$$

となる. 式 (8.9) を使って,

$$\boldsymbol{F} = \frac{\mathrm{d}\boldsymbol{P}}{\mathrm{d}t} \tag{8.14}$$

と書けば, 質点のときと同様に, 重心の運動方程式も全運動量を用いた表現が可能であることがわかった.

式 (8.14) の $\boldsymbol{F}$ は，外力の和であった．考えている系に外力が働いていない場合には，

$$\frac{\mathrm{d}\boldsymbol{P}}{\mathrm{d}t} = \boldsymbol{0}$$

$$\rightarrow \boldsymbol{P} = M\boldsymbol{V} = \text{const.} \tag{8.15}$$

となるから，**"外力が働いていないとき，質点系の全運動量は保存する！"** という重要な結論も質点のときと同様に導くことができる．

例 8.1　全運動量が保存する例を見ておこう．宇宙空間で静止しているロケットには[*2]，外力が働いていないと見てよい．ロケットは真空中でどのように推進力を得ているのかを考える．図 8.5(a) のようにロケットが静止している状況では，ロケット本体と燃料を合わせた全運動量は $\boldsymbol{0}$ である．$m_{\mathrm{r}}, m_{\mathrm{f}}$ をそれぞれロケット本体の質量，燃料の質量とし，$\boldsymbol{v}_{\mathrm{r}}, \boldsymbol{v}_{\mathrm{f}}$ をそれぞれの速度とすると，

$$\boldsymbol{P} = m_{\mathrm{r}}\boldsymbol{v}_{\mathrm{r}} + m_{\mathrm{f}}\boldsymbol{v}_{\mathrm{f}} = \boldsymbol{0} \tag{8.16}$$

である．

続いて，図 8.5(b) のように，積んである燃料を燃焼し，進みたい方向とは逆に噴射したとする．噴射前後で外力が働いていないから全運動量は $\boldsymbol{0}$ のままであることに注意し，全燃料噴射後のロケットの速度と燃料の平均速度を $\boldsymbol{v}_{\mathrm{r}}', \boldsymbol{v}_{\mathrm{f}}'$ とすると，

$$\boldsymbol{0} = m_{\mathrm{r}}\boldsymbol{v}_{\mathrm{r}}' + m_{\mathrm{f}}\boldsymbol{v}_{\mathrm{f}}'$$

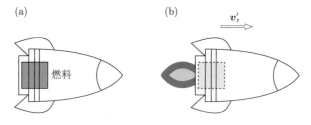

図 8.5　ロケットの (a) 燃料噴射前，(b) 噴射後

[*2] "何に対して静止しているのか？" などと考えだすとどつぼにはまるので，ここでは深いことは考えずにただ止まっているロケットを想像してほしい．

$$\boldsymbol{v}_{\rm r}' = -\frac{m_{\rm f}}{m_{\rm r}}\boldsymbol{v}_{\rm f}' \tag{8.17}$$

となる．つまり，ロケットは噴射された燃料とは逆向きの速度をもつことになる．宇宙空間では空気抵抗がないので一度加速されると，そのほかの外力が働かない限り減速されることはない．

8.2.1 衝突

注目している2物体が衝突する場合も，全運動量が保存する代表的な例である．図8.6のように，$m_{\rm A}, m_{\rm B}$ の物体がそれぞれ速度 $\boldsymbol{v}_{\rm A}, \boldsymbol{v}_{\rm B}$ で互いに近づいているとする．時刻 t_0 で衝突し，互いに弾かれてそれぞれ速度 $\boldsymbol{v}_{\rm A}', \boldsymbol{v}_{\rm B}'$ になった場合を考える．非常に短い間に2物体間に大きな力が働くので，衝突している瞬間はその他の外力を無視して考えてよい．つまり，

$$\boldsymbol{F} = 0 \rightarrow \frac{\mathrm{d}\boldsymbol{P}}{\mathrm{d}t} = 0 \tag{8.18}$$

なので，

$$m_{\rm A}\boldsymbol{v}_{\rm A} + m_{\rm B}\boldsymbol{v}_{\rm B} = m_{\rm A}\boldsymbol{v}_{\rm A}' + m_{\rm B}\boldsymbol{v}_{\rm B}' \tag{8.19}$$

という関係が成り立つ．

最初の速度 $\boldsymbol{v}_{\rm A}$ と $\boldsymbol{v}_{\rm B}$ がわかっていたときに，$\boldsymbol{v}_{\rm A}'$ と $\boldsymbol{v}_{\rm B}'$ が知りたいとしよう．すると知りたい変数に対して方程式の数が足りない．$\boldsymbol{v}_{\rm A}$ と $\boldsymbol{v}_{\rm B}$ に対する別の関係式が必要となる．例えばエネルギー保存則を使うことが多い．

2つの物体が衝突する場合，硬いもの同士，例えばビリヤードの玉同士がぶつかったときと，柔らかい毛糸玉同士がぶつかったときにそれぞれ何が起きる

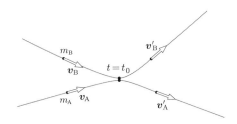

図 8.6 衝突

だろうか？　多くの人の予想通り，硬いもの同士のときは互いに勢いよく跳ね返って速さ (速度の絶対値) はそれほど変わらない．一方で柔らかいもの同士の場合は跳ね返り方が弱い．物体の材質によって跳ね返り方が違うことは納得してもらえるだろう．前者の理想的な極限，つまり衝突によって運動エネルギーが全く減らない場合を弾性衝突と呼ぶ．後者の理想的な極限，つまり衝突によって跳ね返らずに 2 つの物体がくっついてしまう場合を完全非弾性衝突と呼ぶ．どちらも理想的な極限であるので，現実にはその中間となり，衝突によってある程度運動エネルギーが減ってしまう．以前学んだように一見減ったように見えるエネルギーは熱エネルギーへと形態が変わることを忘れてはいけない．拍手 (右手と左手を衝突させる) を続けると手が熱くなることを思い出してもらうといいだろう．弾性衝突でも完全非弾性衝突でもない一般の場合を非弾性衝突と呼ぶ．

例 8.2　弾性衝突と近似できる場合を見てみよう．図 8.7 のようにひもで吊るされた球を衝突させるおもちゃがある．全ての球は同じ質量 m であるとする．このようなおもちゃで遊んだことがあるだろうか？　端の玉を持ち上げ，手を放すと，持ち上げられた玉は下で停止している玉にぶつかり，反対側の玉がとび出す．ぶつかった玉はその場でピタッと止まる．とび出した玉がもどってきて再び下で停止した玉にぶつかると，最初に持ち上げた玉のみがまた飛び出す…ということを繰り返す単純なおもちゃである．この状況を物理の問題として考えてみよう．図 8.7 のように，A の玉を持ち上げてそっと手を放す．ただし，ひもがたわむことがないとする．衝突の瞬間だけを考えると両球は水平方向にしか動かないので，水平方向のみを考えればよい．反対側に飛び出す球

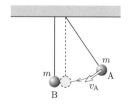

図 8.7　衝突球のおもちゃ

は，ほとんど最初に持ち上げた球と同じ高さまで上がるので，エネルギーがだいたい保存していると見てもよいだろう．つまり弾性衝突だと考えることができる．衝突直前の A の速さを v_A，衝突直後の A, B の速さをそれぞれ v_A', v_B' とする．運動量保存則と，運動エネルギー保存則から，

$$mv_A = mv_A' + mv_B' \tag{8.20}$$

$$\frac{1}{2}mv_A^2 = \frac{1}{2}mv_A'^2 + \frac{1}{2}mv_B'^2 \tag{8.21}$$

である．この両式から，

$$v_A' = v_A - v_B' \tag{8.22}$$

$$(v_A - v_B')^2 + v_B'^2 - v_A^2 = 2v_B'^2 - 2v_Av_B' = 0$$

$$\therefore v_B'(v_A - v_B') = 0 \tag{8.23}$$

となることがわかる．

式 (8.23) で，$v_B' = 0$ の解を選んでしまうと，式 (8.22) から，$v_A = v_A'$ となってしまう．これは，衝突後の B はそのまま静止していて，A の速さはそのまま変わらない (B をすりぬける!!) という意味なので，ありえない．つまり衝突後は，

$$v_A - v_B' = 0$$

$$\therefore v_B' = v_A, \quad v_A' = 0 \tag{8.24}$$

となる．弾かれた B は衝突前の A と同じ速さで飛び出すことがわかる．普通の場合は B の隣にさらにいくつかの球が並んでいることが多い．それぞれの衝突について同じことをすれば，最後に端っこの球が v_A で飛び出すことも簡単に示すことができる．

ここではサボって弾性衝突であると考えたが，当然ながら本当は非弾性衝突のはずだから，$v_A > v_B'$ となる．これをくり返すと端の球が飛び出す速さは少しずつ遅くなり，いつかは止まってしまう．これもこのおもちゃで遊んだことのある人はすでに承知のことだろう．

8.3　2 体問題

　質点系で最も基本となる 2 つの質点があるとき，すなわち 2 体問題を詳しく見てみよう．図 8.4 で，各物体に働く力はそれぞれがそれぞれに及ぼす力だけの場合を考える．このように，考えている質点系の中だけで閉じている力を内力と呼ぶ．もし考えている質点系の構成要素の全体，あるいは一部に質点系以外の何かからの力 (図 8.4 中では $\boldsymbol{F}_1, \boldsymbol{F}_2$) がかかっている場合，その力を外力と呼ぶ．

　さて，内力だけ[*3]のとき，各物体に対する運動方程式は，

$$m_1 \frac{\mathrm{d}^2 \boldsymbol{r}_1}{\mathrm{d}t^2} = \boldsymbol{F}_{1 \leftarrow 2} \tag{8.25}$$

$$m_2 \frac{\mathrm{d}^2 \boldsymbol{r}_2}{\mathrm{d}t^2} = \boldsymbol{F}_{2 \leftarrow 1} \tag{8.26}$$

となる．これらの式をそれぞれ質量 m_1, m_2 で割り算してから差をとると，

$$左辺 = \frac{\mathrm{d}^2 \boldsymbol{r}_1}{\mathrm{d}t^2} - \frac{\mathrm{d}^2 \boldsymbol{r}_2}{\mathrm{d}t^2} = \frac{\mathrm{d}^2}{\mathrm{d}t^2}(\boldsymbol{r}_1 - \boldsymbol{r}_2),$$

$$右辺 = \frac{\boldsymbol{F}_{1 \leftarrow 2}}{m_1} + \frac{\boldsymbol{F}_{1 \leftarrow 2}}{m_2} = \frac{m_1 + m_2}{m_1 m_2} \boldsymbol{F}_{1 \leftarrow 2} \tag{8.27}$$

となる．ここで，作用反作用の法則から $\boldsymbol{F}_{2 \leftarrow 1} = -\boldsymbol{F}_{1 \leftarrow 2}$ であることを用いた．

　式 (8.27) は，相対座標 $\boldsymbol{r} \equiv \boldsymbol{r}_1 - \boldsymbol{r}_2$ を用いて，

$$\frac{m_1 m_2}{m_1 + m_2} \frac{\mathrm{d}^2}{\mathrm{d}t^2} \boldsymbol{r} = \boldsymbol{F}_{1 \leftarrow 2} \tag{8.28}$$

と書き直すことができる．この式は何かに似ていないだろうか？　もし $\dfrac{m_1 m_2}{m_1 + m_2}$ を何かしらの質量と思えば，運動方程式そのものになることにすぐ気がつくだろう．

$$\mu \equiv \frac{m_1 m_2}{m_1 + m_2} \tag{8.29}$$

として，μ を換算質量と呼ぶ．

　つまり，換算質量と相対座標を導入することによって，2 体問題は，**換算質量 μ をもつ 1 つの質点に対する運動方程式を考える問題と同等である**ことが示された．本来 2 本の微分方程式を連立して解かなくてはいけないと思っていた

[*3] だと考えてよい程度に外力が小さいとサボれる場合．

ら，なんと1本の運動方程式にまとめることができたのである！　これは非常にうれしい．まとめることができたのは，2体間の内力のみで運動が記述できるはずだとサボったからである．ただし，**本当に細かく見れば内力だけで運動する2つの物体というのは自然界に存在しない**．

いきなり換算質量がうんぬんと言われてもよくわからないと思うので，簡単でうれしさがよくわかる例を挙げておく．第3章で質量 m の質点が自由落下する問題を考えた．あまりちゃんと考えていなかったが，質点が重力で落下するということは，よく考えると地球と質点の間の相互作用を考えていることになる．つまり，地球も質点からの引力を受けて運動しているはずである．厳密に言えば，質点の運動方程式と地球の運動方程式をそれぞれ立てて連立して解かなくてはいけないはずだ．しかし，換算質量を見ると，

$$\frac{mM_{\mathrm{E}}}{m + M_{\mathrm{E}}} \simeq \frac{mM_{\mathrm{E}}}{M_{\mathrm{E}}} = m \tag{8.30}$$

となる．ここで，M_{E} は地球の質量である．

$M_{\mathrm{E}}(= 5.97 \times 10^{24}\,\mathrm{kg})$ と比べれば，地球上のあらゆる物体の質量は無視することができるだろう．ある物体が地球の重力で落下する問題を考えるときは，換算質量はその物体の質量そのものであると考えてよいことになる．そしてその換算質量に対する運動方程式を解けば，その物体の運動が解析的に明らかになる．これで，地球上の物体に対する問題を考えるときには，いままでと同じように安心して地球は止まっていると考えてよいことが確認できた．

8.4　質点系の回転運動

質点系に対して，重心に注目することで運動方程式がこれまでと同じように有力であることを見てきた．この状況は回転運動についても変わらない．

各質点に力のモーメント $\boldsymbol{N}_i$ がかかっているとき，それぞれの角運動量が $\boldsymbol{L}_i$ だったとする．全力のモーメント，全角運動量を，

$$\boldsymbol{N} \equiv \sum_i \boldsymbol{N}_i = \boldsymbol{N}_1 + \boldsymbol{N}_2 + \boldsymbol{N}_3 + \cdots \tag{8.31}$$

$$\boldsymbol{L} \equiv \sum_i \boldsymbol{L}_i = \boldsymbol{L}_1 + \boldsymbol{L}_2 + \boldsymbol{L}_3 + \cdots \tag{8.32}$$

と定義すると，回転運動に対する運動方程式も，

$$\frac{\mathrm{d}\boldsymbol{L}}{\mathrm{d}t} = \boldsymbol{N} \tag{8.33}$$

となり，質点系のものと全く同じになることが示せる．

これらを使うと，全運動量が保存することを示した式 (8.15) と同じように，全力のモーメントが $\boldsymbol{0}$ の場合には，

$$\frac{\mathrm{d}\boldsymbol{L}}{\mathrm{d}t} = \boldsymbol{0} \tag{8.34}$$

となり，全角運動量もちゃんと保存する．

これまでの議論をまとめると，いままで運動量，角運動量，などの質点の特徴だと思っていたものが，実はものすごくよく見たらより細かい部分からなる質点系の全運動量，全角運動量だったということだ．でも普通はそこまで細かく見ることはないから，気にせず質点だと思っていろいろな系を調べてみればよいのである．それが実験結果と合わないときにはじめて，"もしかしたら質点系として考えないといけなかったのかな？" と疑ってみれば十分だ．そしてそのような場面に出会うことはあまりないだろう．

休憩室   力学の適用範囲

この本で学んできた，力学という強力な方法が適用できなくなる場合は，大きく分けて 3 つある．

1 つ目は，対象となる物体がものすごく小さくなる場合だ．例えば，原子は力学でいう質点のイメージにかなり近い概念だと考えがちだが，実はひとつひとつの原子を考える場合には力学は全く使えない．そもそも原子がなぜ安定に存在するかという基本的な問題ですら，古典物理学 (力学と電磁気学) では説明することができない！　原子というものが形而上の概念ではなく，実在であるということがわかってきたとき，それを見つけてしまった人たちを含め，科学者たちは大いに悩んだ．その結果，量子力学というそれまでの常識とは相容れない学問が開発された．量子力学によってその悩みは一応解決された．そして，現在では，全く異なるように見えても，古典力学はある極限として量子力学の枠組に入っていることがわかっている．

2つ目は，対象となる物体がものすごく速く動く場合だ．光速と比べられるくらい物体が速く動いている場合には，古典力学での予想と現実の動きが大きくズレてくる．そのような場合には，相対性理論という手法を用いなくてはいけない．アインシュタインがほとんど一人でつくり上げたという例のやつである．こちらも，古典力学はある極限として相対性理論の枠組みに入っていることがわかっている．

つまり，適用範囲を間違えなければ，量子力学や相対性理論を使わなくても，古典力学は現代でも正しいのである．古典という名前で誤解をしてはいけない．classic を古典ではなく伝統的と訳せばよかったのに....

3つ目は...　あきらめた場合である*4.

---

*4 これが一番厄介な問題かもしれない.

章末問題

8.1   図のように，水平でなめらかな床の上に，質量 M で長さ L の板が置かれている．この板の一端から質量 m の人が他端まで歩いた．板がどれだけ動くかを求めなさい．

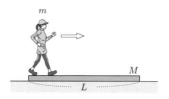

8.2   地球と月の質量は，それぞれ $5.97 \times 10^{24}\,\mathrm{kg}, 7.35 \times 10^{22}\,\mathrm{kg}$ である．地球と月が $3.84 \times 10^8\,\mathrm{m}$ 離れているとき，重心の位置は地表からどの辺りにあるか求めなさい．なお，地球の半径は，$6.37 \times 10^6\,\mathrm{m}$ である．

8.3* 真空中にある水素分子と酸素分子の分子内伸縮振動を観測する実験を行った．2 原子分子の結合を，1 次元のバネでつないでモデル化する．

(1)   水素原子の質量は，$m_\mathrm{H} = 1.67 \times 10^{-27}\,\mathrm{kg}$ である．水素分子の換算質量を求めなさい．

(2)   水素の伸縮振動の振動数が $1.32 \times 10^{14}\,\mathrm{s}^{-1}$ であった．振動のバネ定数を求めなさい．

(3)   酸素原子の質量と伸縮振動の振動数は，それぞれ $m_\mathrm{O} = 2.66 \times 10^{-26}\,\mathrm{kg}$, $4.66 \times 10^{13}\,\mathrm{s}^{-1}$ である．水素分子と酸素分子の分子内結合はどちらが強いか考えなさい．

9

剛体の運動
別方向のサボり方

　前章までは，注目する物体を質点 (系) と考えて，その運動を見てきた．しかし，現実世界の物体は全て有限の大きさ[*1]をもっているので，質点と考えていては全く実験結果を説明することができない現象もたくさんある．無理矢理小さな部分に分けて質点系だと思うこともできるかもしれないが，そもそも大きさがあるのだから，質点という無茶なサボり方をせずに，大きさそのものを受け入れようという考え方も必要だ．ただし，この方針にするとしてもあまり正直にやっていてはキリがない．そこで本章では，質点とは別方向のサボり方である剛体という考え方を採用する．

　剛体とは，大きさをもち変形しない物体である．前章でやった質点系の1つの理想的な形として考えることもできる．物体を，質点だと思えるくらい微小な構成要素に分割して考えたとき，各質点間の距離が不変である (つまり，変形しない) 物体を考えるという意味だ．少し考えてもらえばわかるように，現実にはそのような物体は存在しない．どれだけ硬い物質でも圧力をかければ変形するし，多くの物質は温めると熱膨張という現象を示す．かといって，そのようなことを真面目に扱っていては物体の動きを追うことが難しくなるだけだ．思い切って変形する事実をサボってしまい，それでは困る事態になったときに細かいことを考えていけばよい．サボる方向は異なるが，いままでと基本的な考え方は同じである．

　さて，剛体は質点系の特別な場合なので，前章で学んだ質点系の運動法則が

[*1] 数学的には有限に 0 を含めることが多いが，物理学では "0 を含まず，かつ発散しない" ことを意味している．

成り立つ．つまり，重心の直進運動に対して，全質量を M, 重心の位置を $\boldsymbol{R}$ として，

$$M\frac{\mathrm{d}^2\boldsymbol{R}}{\mathrm{d}t^2} = \boldsymbol{F} \tag{9.1}$$

が成り立つ．ここで $\boldsymbol{F}$ は外力の和である．また，ある回転軸周りの回転運動に対して，角運動量を $\boldsymbol{L}$ として，

$$\frac{\mathrm{d}\boldsymbol{L}}{\mathrm{d}t} = \boldsymbol{N} \tag{9.2}$$

が成り立つ．$\boldsymbol{N}$ は力のモーメントの和である．

質点を考えているときは，重心の運動のみに注目しておけばよかったが，剛体はある軸周り[*2]の回転も考える必要があるということだ．

9.1 剛体のつり合い

これまでやってきたように，速度 $\boldsymbol{0}$ の質点を静止したままにしておくには，その物体にかかる力がつり合っていればよかった．つまり，式 (9.1) の右辺が $\boldsymbol{0}$ であればよかった．剛体を静止させるためには，これに加えて力のモーメントもつり合う必要がある．つまり，式 (9.2) の右辺も $\boldsymbol{0}$ でなければいけない．どういうことか，例題で見てみよう．

例題 9-1　図のように，長さ L, 質量 M のはしごをなめらかな壁に立てかけた．はしごと床の間の静止摩擦係数を μ とする．はしごが倒れない角度を求めなさい．

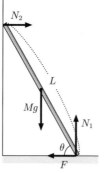

図 9.1 壁に立てかけたはしご

[*2] 重心を含むとは限らない．

　まずは，式 (9.1) で力のつり合いを考えてみよう．鉛直方向だけでなく水平方向のつり合いも考えなくてはいけないことに注意が必要だ．

　鉛直方向は，はしごにかかる重力と，床から垂直抗力がつり合っているはずなので，

$$0 = Mg - N_1 \tag{9.3}$$

である．

　続いて水平方向を考えよう．立てかけた部分が壁にめり込まないために，はしごは壁からの垂直抗力を受けているはずだ．はしごが動かないためにはこれとなんらかの力がつり合っていなくてはいけない．実際にはしごを床に立てかけることを想像してほしい．もし床がつるつるだったらどうなるだろうか？はしごがすべってしまい立てかけられないことは，すぐ納得してもらえるはずだ．つまり，はしごを立てかけるためには，はしごと床との間に働く摩擦力が必要である．そしてこの摩擦力が，壁からの垂直抗力とつり合う．離れた場所の力でも同じ水平方向成分をもつベクトルなので同じ水平方向として一緒に考える．違和感があるかもしれないが，剛体を扱うときはこれに慣れる必要がある．式で書くと，

$$0 = F - N_2 \tag{9.4}$$

となる．

　次に力のモーメントのつり合いを考えなくてはいけない．力のモーメントは，第 7 章でやったように左回りを正として計算する[*3]．どこを回転の中心とするかは剛体の場合も自由だが，変なところを選ぶと計算が複雑になるので注意が必要である．今回の場合は，はしごの下端を回転の中心にとると，モーメントの定義から N_1, F を考えずに済む．床とはしごの角度を θ とすると，

$$0 = Mg \cdot \frac{1}{2}L\cos\theta - N_2 L\sin\theta \tag{9.5}$$

である．右辺 1 項目が左回りのモーメント，2 項目が右回りのモーメントであることを確認しよう．

[*3] いまの場合はどうせつり合うのでどちらでもよい．

このような状況で，はしごがすべって倒れないためには，F が最大静止摩擦力よりも小さければよい．つまり，

$$F \leqq \mu N_1 \tag{9.6}$$

これらの式より，求める角度は，

$$\tan\theta \geqq \frac{1}{2\mu} \tag{9.7}$$

となる．式 (9.7) を満たさないような小さい θ にすると，はしごは倒れるということだ．θ が小さければ立てかけたはしごが倒れやすいという，普段の経験と比べて自然な答えになっているだろう．

9.2　慣性モーメント

9.2.1　質点の慣性モーメント

剛体の運動へ移る前の準備として，まず，剛体がその場で回転する状況を考えてみよう．全質量が同じだったとしても，物体の形状や回転の中心となる位置によって回転のしやすさに差があることは，日常でよく経験しているだろう．例えば，同じバットを使っていても，短く持ったときと長く持ったときで振りやすさが違う．この違いは，物体の慣性モーメントという物理量に関係している．ここではそれを見てみよう．角速度 ω で回転している物体の角運動量が L だったとき，慣性モーメント I は[*4]，

$$I \equiv \frac{L}{\omega} \tag{9.8}$$

と定義される．慣性モーメントは，直進運動における全質量に相当する物理量である．すなわち，物体の慣性モーメントが大きいと回しにくく，小さいと回しやすい．

まずは最も簡単な質点の場合で確認してみよう．図 9.2 のように，質量 m の質点が半径 l，角速度 ω で回転運動をしている．この質点の角運動量は，

$$L = l \cdot mv = ml^2\omega \tag{9.9}$$

[*4] 本来，慣性モーメントはテンソル量 (ベクトル量 $\boldsymbol{L}$ とベクトル量 $\boldsymbol{\omega}$ を関係づける行列のようなもの) であるが，話を簡単にするため本書ではスカラーとして考えてもよい問題しか扱わない．

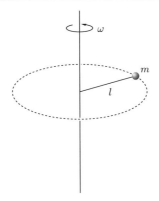

図 9.2 軸周りを回転する質点

であるから，式 (9.8) と比べることで慣性モーメントは，

$$I = ml^2 \tag{9.10}$$

となる．

　慣性モーメントを用いると，回転運動のエネルギーは，

$$K = \frac{1}{2}mv^2 = \frac{1}{2}ml^2\omega^2 = \frac{1}{2}I\omega^2 \tag{9.11}$$

と表すことができる．これを見ると，I が大きいと回転運動のエネルギーが大きくなる．つまりそれを回すのに大きなエネルギーが必要になるということが納得できる．

　第 6 章で，非保存力が仕事をしない場合には，力学的エネルギーが保存するということを学んだ．回転のエネルギーも純粋に力学的なエネルギーであるので，物体が回転運動もしている場合には，力学的保存則は，

$$\frac{1}{2}MV^2 + \frac{1}{2}I\omega^2 + Mgh = \text{const.} \tag{9.12}$$

としなければならない．もし，ある力学的エネルギーが物体に与えられたら，これまで考えていた並進運動のエネルギー[*5]と位置エネルギーだけでなく，回転運動のエネルギーが増えることにも使われる．

[*5] 質点ではなく，剛体が直線上を移動するときは並進運動ということが多い．

9.2.2　剛体の慣性モーメント

剛体は質点の集まりと考えることができるので，慣性モーメントを計算する
には，式 (9.10) を剛体を構成する微小部分について計算し，全体の形状に合わ
せて足していけばよい．剛体の形状が変化しないということは，物体が回転す
るときには，全ての部分が同じ角速度 ω で回転することを意味する．全角運動
量を L_{t} とすると，

$$L_{\mathrm{t}} = m_1 l_1^2 \omega + m_2 l_2^2 \omega + \cdots = \omega \sum_i m_i l_i^2 \tag{9.13}$$

と書ける．ここで，m_i, l_i はそれぞれの微小部分の質量，回転軸からの距離で
ある．再び式 (9.8) と比べると慣性モーメントは，

$$I = \sum_i m_i l_i^2 \equiv \int \rho r^2 \, \mathrm{d}V \tag{9.14}$$

となる．ここで，最後の積分は各部分をものすごく細かく分けたので，和でな
くて積分で全体積の分を集めようという意味である．ρ は各部分の密度で，均
一な物体のときには全質量を全体積で割ればよい．これは式 (9.13) の m_i が全
て同じだった場合に相当する．密度が均一でないときは，各微小部分の質量が
違うということなので，それぞれの場所に対する密度 $\rho(\boldsymbol{r})$ を考えて積分しな
くてはいけない．

それでは，具体的にいくつかの系で慣性モーメントを計算してみよう．まず
は，図 9.3 のように質量 M, 長さ L の一様な細長い棒を重心の周りで回転させ
るときを考えてみる．一様ということは，密度がどの場所でも同じという意味
である．この場合は，$\rho = M/L$ である．式 (9.14) に従って計算してみると，

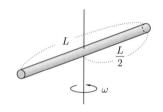

図 9.3　重心を軸として回転する棒

$$I = \int_{-\frac{L}{2}}^{\frac{L}{2}} \frac{M}{L} x^2 \, \mathrm{d}x = \frac{M}{L} \left[\frac{x^3}{3} \right]_{-\frac{L}{2}}^{\frac{L}{2}} = \frac{ML^2}{12} \tag{9.15}$$

となる.

例題 9-2　質量 M, 長さ L の一様な細長い棒を図 9.4 のように端を軸にして回転させる. この場合の慣性モーメントを求めなさい.

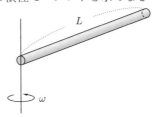

図 9.4　端を軸として回転する棒

この問題は, 上で考えたものと同じ棒の慣性モーメントだが, 回転の軸が異なる. それに合わせて積分範囲も変わってくることに注意しなくてはいけない.

$$I = \int_{0}^{L} \frac{M}{L} x^2 \, \mathrm{d}x = \frac{M}{L} \cdot \frac{L^3}{3} = \frac{1}{3} ML^2 \tag{9.16}$$

となる.

慣性モーメントは, 物体の回しにくさの指標であった. 式 (9.15) と (9.16) を比べてみると, 棒の中心で回転させるよりも端で回転させるほうが大きな慣性モーメントになっている. すなわち, 同じ棒を振り回すときでも端を持ったほうが回しにくいということだ. 野球でバットを速く振りたければ短く持つのはこのためである. 速く振れる代わりといってはなんだが, 式 (9.11) を考えると回転のエネルギーは小さくなる. 打球の飛距離を出したければ, バットを長く持ったほうがいいということもこれらの結果から物理学的に確認できた. 打者の作戦に合わせてバットの持ち方を変える理由はこれだ.

最も簡単な細長い棒で慣れたところで, 次は図 9.5 に示すような重心周りで回転する半径 R, 全質量 M の一様な薄い円板の慣性モーメントを計算してみよう. 密度を円形で積分するには, 極座標系を使ったほうが便利である[*6]. 直

[*6] 詳しく知りたい場合は付録 A.2 を参照すること.

交座標系の微小面積 $\mathrm{d}x\,\mathrm{d}y$ は極座標系では,

$$\mathrm{d}x\,\mathrm{d}y = r\,\mathrm{d}r\,\mathrm{d}\theta \tag{9.17}$$

である. これを用いると, 円の面積は,

$$\iint \mathrm{d}x\,\mathrm{d}y = \iint r\,\mathrm{d}r\,\mathrm{d}\theta \tag{9.18}$$

と変換される. 式 (9.14) を用いると慣性モーメントは,

$$
\begin{aligned}
I &= \int_0^{2\pi} \int_0^R \rho r^2 \cdot r\,\mathrm{d}r\,\mathrm{d}\theta = 2\pi\rho \int_0^R r^3\,\mathrm{d}r \\
&= 2\pi \cdot \frac{M}{\pi R^2} \cdot \frac{R^4}{4} = \frac{MR^2}{2}
\end{aligned} \tag{9.19}
$$

となる.

図 9.5　重心を軸に回転する円板

　このように, 密度がわかっていれば, 丁寧に計算していくことで, あらゆる剛体の慣性モーメントを求めることができる.

　上で見たように, 回転の軸をどこにとるかで I の値も変わってくるが, 普通の場合は重心周りの慣性モーメント I_G を求めるのが簡単である. ここで, 任意の軸周りの慣性モーメントが簡単に計算できる平行軸の定理を紹介しておこう. I_G がわかっているとき, 重心を含まない軸周りの剛体の慣性モーメント I は, 重心と回転軸との距離を d のときに,

$$I = I_\mathrm{G} + Md^2 \tag{9.20}$$

となる*7.

実際に例題9-2に使ってみよう. 細長い棒の重心周りの慣性モーメントが,

$$I_G = \frac{ML^2}{12}$$

だったことを思い出すと, 棒の端周りの慣性モーメントは,

$$I = I_G + M\left(\frac{L}{2}\right)^2 = \frac{1}{3}ML^2 \tag{9.21}$$

となり, 確かに例題で一生懸命求めた値と一致している. 正確に覚えておく必要はないが, 機械系を専攻する人は, こんな定理があったという程度に記憶しておくと便利なことがあるかもしれない.

▌剛体棒振り子▌

慣性モーメントを計算しているだけではつまらないので, そのご利益の話にうつろう. 図9.6のように, 全質量 M, 長さ L の細長い剛体棒の一端を固定した振り子を考える. 棒を傾けて手を放すと何が起きるだろうか？ 固定した部分の摩擦はないとすると, 棒は振り子のように振動することは容易に想像できるだろう. この問題を力学的に扱うためには, 回転運動の方程式

$$\frac{\mathrm{d}L}{\mathrm{d}t} = N$$

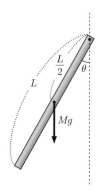

図9.6 剛体棒振り子

---

*7 証明もそれほど難しくないので気になる人は調べてみよう.

を考えればよい．両辺にいま考えている棒についての $L = I\omega$ と力のモーメントを代入する．棒にかかる重力は重心にかかると考えてよいので，解くべき方程式は，

$$I\frac{d\omega}{dt} = I\frac{d^2\theta}{dt^2} = -\frac{MgL}{2}\sin\theta \rightarrow$$

$$\frac{d^2\theta}{dt^2} = -\frac{MgL}{2I}\sin\theta \tag{9.22}$$

となる．式 (9.22) はこのままでは手で解くことができないので，第 5 章でやったのと同じように θ は小さいと考え，$\sin\theta \simeq \theta$ を使う[*8]と，

$$\frac{d^2\theta}{dt^2} = -\frac{MgL}{2I}\theta = -\frac{3g}{2L}\theta \tag{9.23}$$

と書ける．最後の等号では例題 9-2 で求めた端周りの慣性モーメントを用いた．

式 (9.23) は単振動型の方程式，式 (5.1) と全く同じ形をしているので，当然解も同じになる．つまり，棒振り子は，

$$\theta = \theta_0 \cos\left(\sqrt{\frac{3g}{2L}} \cdot t + \alpha\right), \tag{9.24}$$

$$T = 2\pi\sqrt{\frac{2L}{3g}}, \tag{9.25}$$

で振動するということだ．ここで θ_0, α は初期条件で決まる積分定数である．この答えが自分で出せない人は第 5 章をよく復習する必要がある．

最も単純な細長い棒の場合で考えたが，慣性モーメントがわかっていれば，どんな複雑な形状の場合にもやることは変わらない．

例題 9-3　長さ L で，質量 M の質点の振り子は，振動の周期は $T = 2\pi\sqrt{L/g}$ であった．式 (9.25) と比べると剛体棒のほうが若干速く振動するという結果が得られた．これがなぜかを考えよう．

剛体棒振り子は重心の位置が回転軸から $L/2$ であるため周期が $\sqrt{2}$ 倍早くなりそうだ．一方で，質点振り子は慣性モーメントが式 (9.10) より ML^2 である．つまり質点振り子のほうが振動しにくい．これらを合わせると，式 (9.25) が出てくる．だいたいでいいので，結果を考察するくせをつけておこう．

[*8] 付録 A.3 参照．

9.3 剛体の運動

いままでのまとめとして，ついに一番興味ある問題，すなわち，剛体の運動にうつろう．図9.7のように，角度 β の斜面を**すべらず**に転がる半径 R, 質量 M の丸い物体を考える．丸い物体と言ったが，あとでそれに合わせた慣性モーメントを使えばいいので，図のように丸いものならば球でも円柱でも円板でもなんでもよい．計算を簡単にするために，斜面方向に x 軸，斜面と垂直方向に y 軸をとる．物体にかかる力は，重力 $M\boldsymbol{g}$, 斜面からの垂直抗力 $\boldsymbol{T}$, 斜面との間の摩擦力 $\boldsymbol{F}$ である．

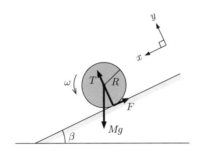

図 9.7 斜面を転がる丸い物体

物体の重心の位置を X とすると，x 方向の運動方程式は，

$$M\frac{\mathrm{d}^2 X}{\mathrm{d}t^2} = Mg\sin\beta - F \tag{9.26}$$

となる．y 方向には物体は運動しない．つまり，つり合っているということだ．運動方程式を一応書いておくと，

$$0 = T - Mg\cos\beta \tag{9.27}$$

である．

剛体の場合には，これらに加えて回転の運動方程式を考えないといけない．重心周りの回転角を θ とし，回転の原因となる力のモーメントは半径と摩擦力から RF となるので，運動方程式は，

$$I_{\mathrm{G}} \cdot \frac{\mathrm{d}^2\theta}{\mathrm{d}t^2} = RF \tag{9.28}$$

と書ける．

　これで準備は整った．あとは，式 (9.26,9.28) を連立して解けばよいのだが，もう一つ大事な条件を忘れてはいけない．それは，転がり方に関する条件 "すべらずに" 転がる．ということだ．すべらずに転がるときには，物体の進む速度と，中心角の角速度 ω に，

$$\frac{\mathrm{d}X}{\mathrm{d}t} = R\omega = R\frac{\mathrm{d}\theta}{\mathrm{d}t} \tag{9.29}$$

という関係があるということだ．これをもう一度時間で微分すると，

$$\frac{\mathrm{d}^2X}{\mathrm{d}t^2} = R\frac{\mathrm{d}^2\theta}{\mathrm{d}t^2} \tag{9.30}$$

となるので，直進の運動方程式と回転の運動方程式の関係がわかるようになる．なお，物体がすべりながら転がる場合には，式 (9.29) で，どのような回転になるかを状況に合わせて考える必要がある．

　いよいよ解いてみよう．式 (9.28,9.30) を用いると，摩擦力は，

$$F = \frac{I_{\mathrm{G}}}{R^2} \cdot \frac{\mathrm{d}^2X}{\mathrm{d}t^2} \tag{9.31}$$

となるので，これを式 (9.26) に代入すると，物体の加速度は，

$$\left(M + \frac{I_{\mathrm{G}}}{R^2}\right)\frac{\mathrm{d}^2X}{\mathrm{d}t^2} = Mg\sin\beta$$

$$\therefore \frac{\mathrm{d}^2X}{\mathrm{d}t^2} = \frac{g\sin\beta}{1 + \frac{I_{\mathrm{G}}}{MR^2}} \tag{9.32}$$

となる．

　式 (9.32) という結果をどのように考えればいいだろうか？　もし，この斜面がつるつるで摩擦がなかった場合，この物体は回転せずに斜面をすべり落ちる．その場合には，回転を考えなくてよいということだ．つまり問題を質点の場合だと思って運動方程式を解くのと同じであるから，重力加速度の斜面方向を考えればよくなる．その状況での加速度は，

$$\frac{\mathrm{d}^2X}{\mathrm{d}t^2} = g\sin\beta \tag{9.33}$$

となる．

　式 (9.32,9.33) を比べると，すべらずに転がる場合には慣性モーメント I_{G} が大きくなればなるほど加速度は小さくなるという結果になっている．これは，

I_G が大きいほど回転しにくいため，動き出す前の位置エネルギーが同じだった場合，回転運動に使われるエネルギーが増え，その分並進の加速度が小さくなって運動エネルギーが減るということだ．

休憩室　超光速通信技術?

　相対性理論によれば，この世の全ての物体は真空中の光速 $(3.0 \times 10^8 \, \text{m/s})$ を超えることはできないので，光を使った情報伝達速度を超えることはできないと結論づけられる．

　質点と対極をなす究極のサボり方である剛体という概念を紹介した．すなわち，理想的な剛体はこの世に存在しない．もし完全な剛体をつくれるとしたら，図 9.8 のように長さ $3.0 \times 10^8 \, \text{m}$ 以上の剛体棒をつくり，一方の端になんかしらの印をつけておく (回転対称性のある○ではいけない)．そして，もう一端を持っている人がある瞬間に棒を $1\,\text{s}$ で例えば $\pi/4$ 回転させたとすると，何が起きるだろうか？　印がついている側にいる人は，光速よりも速く印の向きが変化するという情報を得ることができるのだ！　基本的にデジタル信号は 0 か 1 の情報の集まりだから，印があっち向きだったら 0，こっち向きだったら 1 と決めておけば，十分情報伝達として成立している．

　しかし，当然ながらこのような情報伝達技術は現実には不可能である．それは理想的な剛体が存在しないからである．仮にこのような長い棒をつくれたとしても [*9]，一方を持って回転させると棒がしなってしまうため，反対側の端が回転するまでにはだいぶ時間がかかってしまうのである．物干し竿程度の長さでさえ，端っこを持って竿を振るとしなってしまうことを考えれば納得してもらえるのではないかと思う．

　逆に言うと，物理学としてはありえない仮定を設ければ，現実では起きないようなことを想像することが可能となる．世にある SF 作品の多くはこの技を使っているのではないか？

[*9] もちろんこの長さの棒はつくれない可能性が高い．

図 9.8　光速を超える!!?

章末問題

9.1　物体の重心周りの慣性モーメントを求めなさい.

(1)　半径 R の球.

(2)　半径 R の薄い球殻 (中空).

(3)　半径 R, 長さ L の円柱.

(4)　半径 R, 長さ L の薄い円筒 (中空).

9.2　同型の筒状の容器を 2 つ用意し, 同量の液体を入れる. 一方はそのまま, 他方は中身を凍らせておいて, 斜面を同時に転がらせる場合, どちらが速く転がるか答えなさい.

9.3　質量が無視できる長さ L の棒の先に, 半径 a で質量が M の球をつけて振らせる.

(1)　この振り子の慣性モーメントを計算しなさい.

(2)　この振り子が微小振動するときの周期を求めなさい.

付録

A.1 ベクトルとその演算

力学を含む物理学では，ベクトルがいろいろな場面に登場する．電磁気学では，ベクトル解析といってベクトルに対する微積分がいやというほど出てくる．量子力学では，ベクトルの次元がどんどん増えていき，ついには ∞ 次元のベクトルなどというわけのわからないものまで現れる．それらを体系的に学ぶ線形代数のありがたみは，そこまで進むと感動すら覚えるレベルであるが，線形代数そのものをただ勉強しているときには，普通の学生にとっては苦痛でしかないというのもよくわかる．抽象的すぎてよくわからないのである．かといって具体的な問題に接して線形代数のありがたみを知るころには，他の専門の講義が忙しすぎて線形代数を復習する時間がないということが全世界で起こるようだ．幸い，初等的な力学に出てくるベクトルはそれほど難しくないから，いまのうちに慣れて苦手意識をなくしておこう．

▌スカラー量とベクトル量▌

質量 m，時間 t，エネルギー E などのように，大きさだけで決まる量をスカラーという．一方で，速度 v，力 F などのように，大きさと向きをもつ量をベクトルという．ベクトルは一般に矢印で図示することができる[*1]．矢印の向きがそのベクトルの向き，矢印の長さがそのベクトルの大きさを表している．

ベクトルは，考える系の次元に対応した数の成分で表示することができる．例えば 3 次元ベクトルには 3 つの成分が必要である．その成分はどのような座標系を使うかによって違ってくるので注意が必要となる．例えば，最もよく使う直交座標系では，考えている物体の位置を表すベクトル r とその大きさは，

$$r = (x, y, z) \tag{A.1}$$

$$|r| = \sqrt{x^2 + y^2 + z^2} \tag{A.2}$$

[*1] 3 次元までならば，それ以上の次元の矢印には想像力と慣れが要求される．

と書ける. 式 (A.2) が, 式 (A.1) の大きさ (つまり矢印の長さ) になっていることを確かめよう.

ベクトルに定数 α を掛ける[*2]と, $\alpha > 0$ のときは, そのベクトルを方向はそのままで, 長さを α 倍したベクトルとなり, $\alpha < 0$ の場合は, 方向が逆になり長さは $|\alpha|$ 倍したベクトルとなる. 成分で書くと,

$$\alpha r = (\alpha x, \alpha y, \alpha z) \tag{A.3}$$

である.

▌ベクトルの和, 差▌

ベクトル同士は足し算, 引き算ができる. 数学だったら次元さえそろっていればあらゆるベクトルを足したり引いたりしていいのだが, 物理学の場合は同じ物理量同士 (例えば, 力だったら力同士) での足し引きしか意味がない[*3]. a と b の足し算は図 A.1(a) のように, a 矢印の先から b を描き, $|a|$ と $|b|$ を 2 辺とする平行四辺形の対角線にそって, a のスタート地点から b の矢印と同じ点を指す矢印を描いたものが $a + b$ である. 平行四辺形なので, a と b を入れ替えても同じベクトルとなることを確認しよう.

a と b の引き算は, 図 A.1(b) に灰色で描いた $-b$ を考え, $a + (-b)$ を考えれば和と同じようにすぐ理解できるだろう. 平行移動すると b の先から a の先までの矢印と同じ意味である. こちらのほうが馴染みのある人も多いかもしれない. 当然かもしれないが, 引き算は順番を入れ替えてはいけない. $-a$ を考えて,

$$b - a = -(a - b) \tag{A.4}$$

となることを確認しよう. つまり, a と b の差で順番を入れ替えられるのは,

$$|a - b| = 0 \tag{A.5}$$

のときだけである.

[*2] 複素数でも構わないが, ここではわかりやすくなるように実数としておく.
[*3] 極たまにだが, 試験で全く関係ない物理量を足し算している解答に出会うことがある.

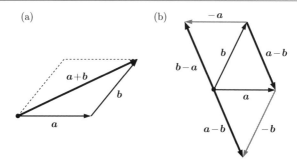

図 A.1　ベクトル同士の (a) 和, (b) 差

▐内積あるいはスカラー積▐

ベクトル同士の積を定義しておくと便利なことが多い. スカラー同士の積と違い, ベクトル同士の積には 2 種類ある. そして, 積の場合は異なる物理量同士の演算も可能である. 高校時代から馴染みがあるのは内積 (スカラー積) だろう.

ベクトル $a = (a_x, a_y, a_z), b = (b_x, b_y, b_z)$ があるときに, それらの内積は,

$$a \cdot b = |a||b| \cos\theta \tag{A.6}$$

$$= a_x b_x + a_y b_y + a_z b_z \tag{A.7}$$

である. ここで, θ は, 図 A.2 に示すように a, b のなす角度である. どちらの形も同じ内積を表している. 両方とも頻繁に使うようになるので, しっかりと覚えておくことを勧める.

式 (A.6) を見て, $\theta = \pi/2$ のとき, つまり 2 つのベクトルが直交するときには内積が 0 となることを納得しておこう. 同様に, 内積が最大になるのは, $\theta = 0$ のときだ.

図 A.2　a, b のなす角度

▌外積あるいはベクトル積▐

2つのベクトル $\boldsymbol{a}, \boldsymbol{b}$ があるとき，図 A.3 のように 2 つに垂直で，大きさが $\boldsymbol{a}, \boldsymbol{b}$ を 2 辺とする平行四辺形の面積であるベクトル $\boldsymbol{c}$ を $\boldsymbol{a}, \boldsymbol{b}$ の外積 (ベクトル積) という．式で書くと，

$$\boldsymbol{c} \equiv \boldsymbol{a} \times \boldsymbol{b} = |\boldsymbol{a}||\boldsymbol{b}| \sin \theta \cdot \frac{\boldsymbol{a} \times \boldsymbol{b}}{|\boldsymbol{a} \times \boldsymbol{b}|} \tag{A.8}$$

$$= (a_y b_z - a_z b_y)\boldsymbol{e}_x + (a_z b_x - a_x b_z)\boldsymbol{e}_y + (a_x b_y - a_y b_x)\boldsymbol{e}_z$$

$$= \begin{vmatrix} \boldsymbol{e}_x & \boldsymbol{e}_y & \boldsymbol{e}_z \\ a_x & a_y & a_z \\ b_x & b_y & b_z \end{vmatrix}$$

である[*4]．外積の場合もどれもよく使われる表現なので覚えておこう．最後は線形代数で習う行列式の表式を用いた．

式 (A.8) から，ベクトルの外積は，$\theta = 0, \pi$ のときに $\boldsymbol{0}$ である．つまり，平行なベクトル同士の外積はゼロベクトルとなる．

▌微分を含むベクトル演算子▐

ベクトルの各成分は数値に限られるわけではない．式 (A.10) のように各成分が偏微分演算子となることを考えても問題ない[*5]．偏微分とは，大雑把に言うと，多変数関数に対して，注目する変数のみ微分して他の変数は定数だと思う演算で，例えば $f(x, y, z) = xy^2 z$ に対して，

$$\frac{\partial f(x, y, z)}{\partial y} = \frac{\partial}{\partial y}(xy^2 z) = xz\frac{\partial y^2}{\partial y} = 2xyz \tag{A.9}$$

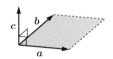

図 A.3 ベクトルの外積

[*4] 式 (A.8) 中の $\dfrac{\boldsymbol{a} \times \boldsymbol{b}}{|\boldsymbol{a} \times \boldsymbol{b}|}$ は，難しく考えず，大きさが 1 の単位ベクトルだと思ってほしい．

[*5] もちろん微分以外の演算子が成分になることもある．当然どんどんややこしくなるのでここではやらない．

というものである.

　この偏微分演算子が各成分であるベクトルを考えるとは,

$$\nabla \equiv \left(\frac{\partial}{\partial x}, \frac{\partial}{\partial y}, \frac{\partial}{\partial z} \right) \tag{A.10}$$

ということである.

　式 (A.10) の左辺は "ナブラ" と読む. このナブラを, 位置によって値が決まるスカラー関数 $\Phi(\boldsymbol{r})$, ベクトル関数 $\boldsymbol{A}(\boldsymbol{r})$ に演算させるときは, これまでのベクトルの掛け算と同じように考えることができる[*6]. 式で書くと,

$$\nabla \Phi \equiv \left(\frac{\partial \Phi}{\partial x}, \frac{\partial \Phi}{\partial y}, \frac{\partial \Phi}{\partial z} \right) \tag{A.11}$$

$$\nabla \cdot \boldsymbol{A} \equiv \frac{\partial A_x}{\partial x} + \frac{\partial A_y}{\partial y} + \frac{\partial A_z}{\partial z} \tag{A.12}$$

$$\nabla \times \boldsymbol{A} \equiv \left(\frac{\partial A_z}{\partial y} - \frac{\partial A_y}{\partial z}, \frac{\partial A_x}{\partial z} - \frac{\partial A_z}{\partial x}, \frac{\partial A_y}{\partial x} - \frac{\partial A_x}{\partial y} \right) \tag{A.13}$$

となる. それぞれスカラー関数の勾配, ベクトル関数の発散, ベクトル関数の回転という. 本書ではほとんど出てこないが, 電磁気学を学ぶときにいやというほど出てくる. ここでは演算のルールを紹介しておくだけにしておこう.

A.2　座標系の変換

　第 2 章で, 物体の位置を指定するためには, 考えている次元の数だけ成分を指定する必要があることを学んだ. 本書ではほとんどの場面で直交座標系を用いているが, 便利なものを使えばなんでもよい. そして, ある座標系で表された物理量は, 別の座標系での表現に変換可能である. ここでは有名な極座標系 (r, θ, ϕ) を紹介する.

　慣れていない人のために, まずは簡単な 2 次元極座標系を考えてみよう. 2 次元平面で原点から $\boldsymbol{r}$ の位置を指定するために図 A.4 に示すような (r, θ) を用いるのが極座標系だ. 直交座標系との対応は,

$$x = r \cos \theta,$$

$$y = r \sin \theta,$$

[*6] 成分が演算子であるので, 関数を右から掛ける必要がある. この順番を意識しないで計算がおかしくなるという間違いにたまに出会うので, 注意しよう.

$$|r| = \sqrt{x^2 + y^2}$$

となっている.

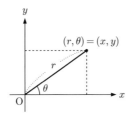

図 A.4 直交座標系と極座標系の関係 (2 次元)

極座標系の一番有名なご利益は, 第 9 章に出てきたように, 丸い形の積分である. 例えば, 原点を中心とした半径 a の円の面積を求めることを考えてみよう. 直交座標系を用いる場合には, 図 A.5(a) のように, 面積 $\mathrm{d}x\,\mathrm{d}y$ の微小な区間[*7]を,

$$x^2 + y^2 \leqq a^2 \tag{A.14}$$

の条件を満たす全ての範囲で集める必要がある. ちょっと考えただけでも面倒くさそうだ.

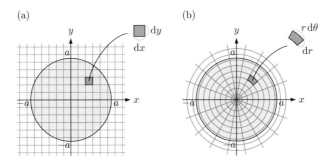

図 A.5 直交座標系と極座標系の微小面積要素 (2 次元)

一方で, 極座標系を用いると, 図 A.5(b) のように考えることができる. 各微小面積要素の面積は, 動径方向 (r 方向の意味) の長さ $\mathrm{d}r$, 角度方向の長さ

[*7] 微小面積要素という.

$r\,d\theta$ を掛け算して，$r\,dr\,d\theta$ である．この微小面積を $0 \leqq r \leqq a,\ 0 \leqq \theta \leqq 2\pi$ の範囲で集めればよい．

$$\int_0^a \int_0^{2\pi} r\,dr\,d\theta = \int_0^a r\,dr \cdot \int_0^{2\pi} 1\,d\theta$$

$$= \frac{a^2}{2} \cdot 2\pi = \pi a^2 \tag{A.15}$$

となる．小学生のころから使っている円の面積の公式があっという間に出せた．円周の長さ $2\pi a$ については，半径 a を固定して，微小な弧の長さ $a\,d\theta$ を 1 周積分すればよい．やったことのない人は自分で確認しておこう．理解していれば簡単な話なのだが，直交座標系の微小面積 $dx\,dy$ が極座標系では $dr\,d\theta$ ではなく，$r\,dr\,d\theta$ となることに注意が必要だ．極座標系の微小区間の角度方向の長さが $r\,d\theta$ であることを考えれば納得してもらえると思う．

本文中には 2 次元極座標の例しか出てこなかったが，同じことなので 3 次元極座標系 (r, θ, ϕ) も軽く紹介しておこう．各成分は，図 A.6 に示すように，直交座標系の (x, y, z) と，

$$x = r\sin\theta\cos\phi,$$
$$y = r\sin\theta\sin\phi,$$
$$z = r\cos\phi,$$
$$|r| = \sqrt{x^2 + y^2 + z^2} \tag{A.16}$$

の関係がある．

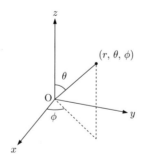

図 A.6　直交座標系と極座標系の関係 (3 次元)

3次元極座標系を使うと，2次元のときと同様に，球の体積や表面積を考えるときに便利である．半径 a の球の体積を積分で求めることを考えてみよう．体積積分とは，微小体積要素を全部足し合わせなさいということなので，直交座標系の場合は，微小体積 $dx\,dy\,dz$ を，

$$x^2 + y^2 + z^2 \leq a^2 \tag{A.17}$$

の条件を満たす範囲で全て集める必要がある．イメージとしては，"非常に細かい直方体のブロックを積んで，球形にしたときにブロックをいくつ使いましたか？"という問題である．式 (A.17) をちゃんと考えようとすると大変である．2次元のときの円のときよりも圧倒的に面倒くさそうだ[*8]．この問題を極座標系で考えるとどうなるだろうか？

図 A.7 のように，半径 r が一定の球面上での微小面積要素を考える．図 A.5(b) のときと同じように，θ 方向の辺の長さは $r\,d\theta$，ϕ 方向の辺は $r\sin\theta\,d\phi$ なので，微小面積要素は $r^2\sin\theta\,d\theta\,d\phi$ である．これに r 方向の辺の長さ dr を掛ければよいので，結局3次元極座標系で微小体積要素を考えるとは[*9]，

$$dx\,dy\,dz = r\,dr\,d\theta \cdot r\sin\theta\,d\phi = r^2\sin\theta\,dr\,d\theta\,d\phi \tag{A.18}$$

という変換をするという意味だ．

球の体積を求めるには，この微小体積要素を，$0 \leq r \leq a, 0 \leq \theta \leq \pi, 0 \leq \phi \leq 2\pi$ の間で積分すればよい．

$$
\begin{aligned}
\int_0^a \int_0^\pi \int_0^{2\pi} r^2\sin\theta\,dr\,d\theta\,d\phi &= 2\pi \int_0^a \int_0^\pi r^2\sin\theta\,dr\,d\theta \\
&= 4\pi \int_0^a r^2\,dr = \frac{4\pi a^3}{3}
\end{aligned}
$$

となる．

昔から使っていた球の体積の公式とは，この積分を実行する過程をサボって覚えていたということだ．この球の表面積が $4\pi r^2$ となることも簡単に出せるので確認しておいてほしい．

[*8] もちろん丁寧に考えて積分を実行すれば，極座標系のときと同じ結果が得られる．
[*9] 2次元の微小面積要素 $r\,dr\,d\theta$ に ϕ 方向の辺の長さ $r\sin\theta\,d\phi$ を掛けたと考えてもよい．

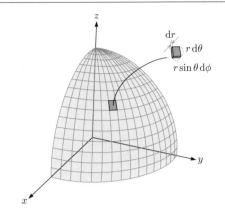

図 A.7　球面上の微小面積要素 (3 次元)

　ここでは，本文中に出てきた直交座標系から極座標系への変換をとりあげたが，何度も書いているように，考えている空間の次元に対応した数の変数を使えば，他にもいろいろな座標系を考えることができ，座標系間でさまざまな量の計算方法を変換すると便利な場合がたくさんある．大事なことは，計算の大変さは違っていても出てくる答えは同じになるということだ．楽チンな方法を選べるようになると計算を大幅にサボることができる．

A.3　テーラー展開

　ある 1 変数関数 $f(x)$ を x のべき乗の和で近似することをテーラー展開するという．数学的には x のべき乗だけでなく，完全系という性質をもつ基底関数系ならどんなものを使っても展開することができる．例えば $\sin nx, \cos nx$ を使ったフーリエ展開が有名である．普通は展開の項数を増やせば増やすほど近似の精度が高くなり，和を無限までとると厳密に元の関数と一致する．しかし，普通の場合は 2 次くらいまでで止めておかないと疲れてしまう．1 次，2 次まででサボって物理学がなんとなくわかるならもうけものである．大切な手法なので覚えておくと便利である．

ある関数 $f(x)$ のテーラー展開を考える．$x = 0$ 付近での関数は，

$$f(x) = \sum_{n=0}^{\infty} \frac{1}{n!} f^{(n)}(0) x^n$$

$$\simeq f(0) + f'(0)x + \frac{1}{2!} f''(0) x^2 + \cdots \tag{A.19}$$

と書くことができる．ここで，$f^{(n)}(x)$ は $f(x)$ の n 次導関数，そして $f'(x)$，$f''(x)$ は，それぞれ $f(x)$ の 1 次導関数，2 次導関数である．

式 (A.19) では $x = 0$ 付近を考えた[*10]が，一般の $x = a$ 付近で展開したい場合には，$f^{(n)}(0) \to f^{(n)}(a)$，$x \to (x - a)$ の置き換えをすればよいだけである．

近似を第 2 項までで止めることを 1 次の近似，第 3 項までで止めることを 2 次の近似...，と呼ぶ．べき乗の次数で考えればよい．式 (A.19) は，物理学などで出てくる普通の関数[*11]では**どんなものにも使える**便利な展開公式である．

$f(x) = \sin x$ の場合で具体例を見てみよう．

$$f'(x) = \cos x,$$

$$f''(x) = -\sin x,$$

$$f'''(x) = -\cos x$$

なので，式 (A.19) にそのまま代入すると，

$$\sin x = \sin 0 + \cos 0 \cdot x - \frac{1}{2!} \sin 0 \cdot x^2 - \frac{1}{3!} \cos 0 \cdot x^3 \cdots$$

$$= x - \frac{1}{3!} x^3 + \cdots \tag{A.20}$$

となる．

何か見覚えがないだろうか？　高校のときから何度も出てきて，本書でも第 5 章で大事な役割をしてくれた，$\sin x \simeq x$ という近似式は，実は $\sin x$ をテーラー展開した 1 次までの近似であったのだ！

さて，突然式 (A.19) を与えられて，"これがテーラー展開だ！"と言われても，よくわからない人も多いだろう．ここで少しテーラー展開の意味を考えてみよう．図 A.8 に $y = \sin x$ の関数を描いた．テーラー展開はこの関数の x が

[*10] $x = 0$ 付近でのテーラー展開のことをマクローリン展開という場合がある．

[*11] 例えば，連続で発散しないなどの意味．

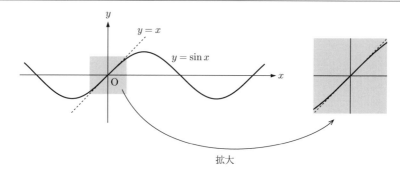

図 A.8 $y = \sin x$ のグラフと原点付近の拡大図

小さい部分をべき乗で近似しようということだったので，図の右側のように $x = 0$ 付近を拡大してみるとどうだろうか？　ほとんど $y = x$ だと思っても問題なさそうだ．これがテーラー展開するという意味である．もちろんものすごく厳密な話をしたい場合には $y = x$ からのズレが効いてくる．その場合には 3 次の項[*12] まで考える必要がある．それでも足りなければどんどん高次の項を考えていけばよい．

　ここでの議論と同様に考えていけば，x が小さいときに，$\cos x \simeq 1$ となる理由もすぐわかるはずだ．もちろん式 (A.19) を用いても簡単に計算できる．

　テーラー展開は多変数関数の場合にも基本的には同じ考え方で使えるし，変数が実数でなく複素数の場合にも使える．非常に汎用性の高いサボり方だ．そのためいろいろな分野で当然のように出てくる．この付録程度のことはしっかり理解しておいた方がいいだろう．

　最後に練習として，$\mathrm{e}^{ix}, \sin x, \cos x$ をそれぞれテーラー展開することで，

$$\mathrm{e}^{ix} = \cos x + i \sin x \tag{A.21}$$

となることを証明してみよう．式 (A.21) は，最も美しい数式 (?) として有名なオイラーの関係式[*13]である．

[*12] 2 次の項は 0 なので考えても考えなくても同じだ．これは $y = \sin x$ が奇関数であることと関係している．この辺の話も面白いのだが，書き出すと長いので省略する．

[*13] なんでこの式が美しいかは，最初私にはさっぱりわからなかった．悲しいことに私には数学の才能はないらしい....

まず，$\sin x, \cos x$ を式 (A.19) の通りに展開していくと，

$$\sin x = x - \frac{1}{3!} \cdot x^3 + \frac{1}{5!} \cdot x^5 - \cdots \tag{A.22}$$

$$\cos x = 1 - \frac{1}{2!} \cdot x^2 + \frac{1}{4!} \cdot x^4 - \cdots \tag{A.23}$$

である．一方で，e^{ix} をテーラー展開してみると，

$$e^{ix} = 1 + \frac{i}{1} \cdot x - \frac{1}{2!} \cdot x^2 - \frac{i}{3!} \cdot x^3 + \frac{1}{4!} \cdot x^4 + \frac{i}{5!} \cdot x^5 - \cdots \tag{A.24}$$

である．式 (A.24) を奇数項，偶数項でそれぞれまとめると，

$$e^{ix} = \left(1 - \frac{1}{2!} \cdot x^2 + \frac{1}{4!} \cdot x^4 - \cdots\right)$$
$$+ i\left(x - \frac{1}{3!} \cdot x^3 + \frac{1}{5!} \cdot x^5 - \cdots\right)$$

となる．これを式 (A.23, A.22) と比べると，式 (A.21) と全く同じになっている．これで証明ができた．

オイラーの関係式は，複素数や複素関数を使う分野で必ずいやというほど出てくる．ここで証明したので安心して使うことができるようになったのである．

索　引

著　者

小田　将人

千葉大学理学部物理学科卒. 博士（理学）千葉大学.
物質材料研究機構博士研究員, 和歌山大学システム工学部助
教, 講師を経て, 現在和歌山大学システム工学部准教授.

力学のサボり方

2021 年 3 月 30 日	第 1 版　第 1 刷	発行
2022 年 3 月 30 日	第 2 版　第 1 刷	発行
2024 年 3 月 30 日	第 2 版　第 2 刷	発行

著　者　　小田将人
発行者　　発田和子
発行所　　株式会社　学術図書出版社

〒113-0033　東京都文京区本郷 5 丁目 4 の 6
TEL 03-3811-0889　振替 00110-4-28454
印刷　三美印刷（株）

定価はカバーに表示してあります.

© M. ODA　2021, 2022　Printed in Japan
ISBN978-4-7806-1233-2　C3042